DESTRUCTION

DU

PHYLLOXÉRA

DE LA VIGNE

PAR L'HYGIÈNE NATURELLE

AINSI QUE PAR LA CULTURE DE LA VIGNE BASÉE SUR LES

ENGRAIS INSECTICIDES ET RECONSTITUTIFS

MÉMOIRE

Adressé conformément à la loi des 22-26 juillet 1874
à M. le Ministre de l'Agriculture et du Commerce; à MM. les Sénateurs
et Députés membres des commissions
parlementaires du phylloxéra, ainsi qu'à MM. les membres
des Conseils municipaux
des communes et cantons vignobles de France,
des Cercles d'agriculture, des Chambres de commerce, etc.

PAR

J.-P. MAZAROZ

Deuxième édition

Revue, corrigée et augmentée.

PARIS

GERMER BAILLIÈRE ET Cie

108, BOULEVARD SAINT-GERMAIN, 108

1879

DESTRUCTION

DU

PHYLLOXÉRA

DE LA VIGNE

PAR L'HYGIÈNE NATURELLE

AINSI QUE PAR LA CULTURE DE LA VIGNE BASÉE SUR LES

ENGRAIS INSECTICIDES ET RECONSTITUTIFS

MÉMOIRE

Adressé conformément à la loi des 22-26 juillet 1874
à M. le Ministre de l'Agriculture et du Commerce ; à MM. les Sénateurs
et Députés membres des commissions
parlementaires du phylloxéra, ainsi qu'à MM. les membres
des Conseils municipaux
des communes et cantons vignobles de France,
des Cercles d'agriculture et des Chambres ~~de commerce~~

PAR

J.-P. MAZAROZ

Deuxième édition

Revue, corrigée et augmentée.

PARIS
GERMER BAILLIÈRE ET Cie
108, BOULEVARD SAINT-GERMAIN, 108
1879

DESTRUCTION

DU

PHYLLOXÉRA

DE LA VIGNE

PAR L'HYGIÈNE NATURELLE

AINSI QUE PAR LA CULTURE DE LA VIGNE BASÉE SUR LES

ENGRAIS INSECTICIDES ET RECONSTITUTIFS

MÉMOIRE

*Adressé conformément à la loi des 22-26 juillet 1874
à M. le Ministre de l'Agriculture et du Commerce; à MM. les Sénateurs
et Députés membres des commissions
parlementaires du phylloxéra, ainsi qu'à MM. les membres
des Conseils municipaux
des communes et cantons vignobles de France.
des Cercles d'agriculture et des Chambres de commerce* (1)

Monsieur le Ministre,
Messieurs les Sénateurs,
Messieurs les Députés,
Messieurs les Conseillers,

Tout a été à peu près dit sur le phylloxéra, sur ses habitudes, son entrée en France, sa

---

(1) Messieurs les maires des chefs-lieux de canton sont priés de communiquer le contenu de ce mémoire, par la voie de la presse ou autrement, à messieurs les membres des Conseils municipaux de toutes les communes de leur canton.

construction, sa grosseur, ses déprédations, ses larves, sur ses phénoménales vertus prolifiques, etc., etc. — Nous ne voulons donc nous occuper dans ce mémoire que des causes véritables de son développement et, par suite, de ses ravages. — Partant des causes, nous rechercherons les moyens certains de le combattre avec toutes les forces vitales que la nature met à la disposition des hommes de bonne volonté. — Enfin, nous conclurons en précisant les mesures générales et particulières à prendre pour vaincre, c'est-à-dire pour détruire sûrement et à bref délai cet ennemi du vin ; du vin qui est le sang de la terre ; du vin, qui est en quelque sorte le représentant spirituel du feu intérieur de notre globe.

Exposé général.

Le mal et le bien se côtoient partout dans la nature ; c'est leur juste et bonne proportion qui harmonise les multiples rapports d'intérêt de chacun des individus des trois règnes. En un mot, et pour entrer de suite dans le cœur de notre sujet, les principes vitaux et morbifiques représentés dans toute la nature par les insectes utiles et les insectes nuisibles visibles ou non à l'œil nu, doivent nécessairement être équilibrés entre eux comme nombre, c'est-à-dire comme forces destructives et reconstitutives, afin de produire sûrement la santé des corps qu'ils composent, dont ils font partie ou simplement sur lesquels et par lesquels ils vivent.

Les trois règnes de la Nature représentent donc un tout unitaire en trois personnes dont les insectes microscopiques sont les ouvriers invisibles.

Les insectes utiles que nous connaissons, faisant partie des familles ascendantes de ceux qui constituent tous les corps dans les trois règnes de la nature, peuvent difficilement par cette raison être trop abondants et aussi parce que le trop-plein de la vie active qu'ils constituent et produisent, développe de suite les corps des races d'insectes parasites au moyen des aliments et sucs surabondants que la masse des insectes utiles composant les corps animés secrètent à toutes les minutes de leur vie active. Par cette situation, l'équilibre indispensable à la vie partielle et universelle se rétablit de suite dans chacun des centres actifs de la nature, au moyen du travail parasitaire qui se produit toujours en temps utile dans les corps des individus végétaux ou animaux.

* * *

Passant sur l'étude des insectes parasites du règne animal dont les conditions de vie ne sont qu'indirectement utiles à notre sujet, nous prions le lecteur de bien remarquer que :

Lorsque les insectes parasites deviennent trop nombreux autour des plantes, les petits oiseaux qui en sont très-friands les aperçoivent de suite et viennent rétablir l'équilibre des quantités que les lois de la Nature imposent partout dans ses vastes et infinis domaines ; — les petits oiseaux à bec fin font en effet une chasse acharnée aux larves, coques, fourreaux et individus de toutes les races d'insectes nuisibles.

Le phylloxéra de la vigne n'a donc pu se développer impunément d'une façon aussi exagérée dans nos vignobles, que grâce à la presque complète disparition dans nos campagnes des individus représentant le grand correctif imposé par la nature aux développements disproportionnés de toutes les races d'insectes nuisibles et parasites de l'agriculture. — Dans la pratique cela veut dire que, nos vignes meurent l'une après l'autre du phylloxéra, par suite de la destruction lente mais continuelle des races de nos petits oiseaux des champs, par les affûts, la pipée, l'enlèvement de leurs nids, œufs et petits, par le lacet, la glu, etc., etc.

*
* *

Toutes les fois que les quatre saisons d'une année sont complétement terminées, les phases entières de la végétation de la plupart des plantes vertes et feuillages de chacun des territoires du monde ont également pris fin pour recommencer encore, toujours et éternellement.

L'observation de cette loi générale nous conduirait à penser *(si nous n'en avions pas d'ailleurs les preuves)*, que : — la plupart des insectes microscopiques tant utiles que nuisibles qui concourent au bien ou au mal de chacune des végétations quelconques de notre terre, doivent accomplir en règle générale toutes les phases de leur existence corporelle dans le cours des quatre saisons d'une année.

Les hivers rigoureux détruisent beaucoup d'insectes ; mais, en l'absence d'un nombre suffisant de petits oiseaux, le tant pour cent d'insectes nuisibles que détruisent les hivers est trop minime pour protéger longtemps nos récoltes, car, la proportion des insectes qui résistent aux hivers est énorme et leurs pontes du printemps et de l'été se multiplient dans des proportions de plus en plus exagérées.

Chacun sait en effet que, la plupart des insectes nuisibles et entre autres les mères de phylloxéra nées sur l'arrière-saison précédente, meurent au printemps à la suite de leurs pontes, ce qui démontre que l'hiver est presque toujours la dernière saison des insectes microscopiques (1).

*
* *

Dans la marche rationnelle des choses de la Nature, les insectes nuisibles ont généralement des périodes d'années consécutives dans le cours desquelles ils existent en plus grande quantité dans nos vignes, bois et champs. — Ces années sont toujours suivies d'autres périodes où les insectes nuisibles sont infiniment moins nombreux dans nos campagnes. — Ces diverses périodes ont été nommées les sept vaches grasses

---

(1) Les œufs d'hiver des pondeuses de l'arrière-saison précédente donnent naissance à des mères vierges qui descendent dès le mois de mai sur les radicelles des ceps, et là, elles reproduisent successivement des mâles et femelles de phylloxéras, mais le nombre des mâles n'est environ que de deux, pour dix femelles.

et les sept vaches maigres par Joseph, le ministre de l'agriculture de l'un des Pharaons d'Égypte. — Les sept années plus ou moins privées d'insectes nuisibles donnent naturellement des récoltes abondantes. — Les récoltes représentant le lait de la terre, le nom de vaches grasses a donc été intelligemment donné par le fils de Jacob aux années d'abondance.

Les sept vaches maigres sont naturellement les années à insectes ailés, mangeurs du suc des plantes ; par conséquent, les sept vaches maigres représentent les années de récoltes minimes ou nulles.

Chacun a pu se rendre compte que les lois de la Nature étant partout semblables, les sept vaches grasses et maigres se succèdent généralement dans les récoltes aussi bien que dans la vie de tous les travailleurs et hommes dans les affaires. — On dit en effet d'un homme qui marche à la ruine : — *Il a ingénument laissé passer les vaches grasses et la déveine est parvenue à l'atteindre.*

Ce dicton représente l'énoncé d'une des lois du mouvement général de la Nature, loi dont les effets sont modifiables par les hommes et surtout par les sociétés d'hommes au moyen de la prévoyance.

Relativement à l'abondance des récoltes, la prévoyance commande de conserver les petits oiseaux, car, en détruisant les insectes nuisibles dans les années où il y en a beaucoup, c'est-à-dire dans les années qui suivent généralement les hivers doux, les petits oiseaux amoindrissent considérablement les rigueurs des années maigres.

Si, selon les sages conseils de Joseph, les cultivateurs d'un pays ajoutent à la conservation prévoyante des petits oiseaux de leurs champs, celle de mettre des fruits et grains en réserve dans les bonnes années afin d'atténuer sûrement l'effet des mauvaises, l'équilibre sera atteint. — Alors, au moyen des deux spécialités de prévoyance que Joseph indiqua au Pharaon d'Égypte, la balance sera obtenue dans l'abondance aussi bien que dans la disette ; c'est-à-dire que les effets du bien auront à peu près entièrement annulé ceux du mal dans la production agricole.

Nos observations.

Propriétaire d'un vignoble dans le Jura, et partisan dévoué des idées agricoles de l'ancien Hébreu Joseph, nous avons été fort ému dans tous les temps de la destruction des petits oiseaux que nous voyions depuis de longues années servis par centaines chez les propriétaires et sur les tables d'hôtes de province pendant l'époque des vacances. Un jour, chez un ami, la maîtresse de la maison fit servir un plat contenant douze douzaines de petits oiseaux. A cette vue nous ne pûmes nous empêcher de dire aux convives : *Messieurs, il est bien triste que pas un de vous ne soit convaincu comme moi que, en mangeant chacun de ces petits oiseaux nous allons véritablement absorber une mesure de grain et deux litres de vin, que les insectes nuisibles non détruits dans l'avenir par ce petit oiseau vont faire disparaître de nos vignes et de nos champs.*

Nous avons en effet toujours dit et prévu qu'une suite malheureuse et funeste de vaches maigres pour notre agriculture serait le prix d'une incompréhensible imprévoyance. Mais nous étions loin de penser qu'elle serait aussi terrible pour la vigne. — Les désastres produits par le phylloxéra dans nos vignobles nous ont donc surpris comme tout le monde par leur importance.

Depuis les premières années de l'apparition du phylloxéra de la vigne dans nos départements du Midi ou plutôt depuis la disparition des premiers vignobles du département du Gard, nous avons commencé des études sur ce polymorphe chaque fois que nos voyages d'affaires dans les contrées vignobles de la France nous ont donné l'occasion de prendre des renseignements et des notes sur place.

Nous avons donc suivi avec douleur les progrès effrayants de l'envahissement de nos vignes par le phylloxéra depuis l'année 1865 ; — d'année en année les désastres ont augmenté partout malgré les allégations des inventeurs de remèdes spéciaux, qui prétendent invariablement tous les ans avoir dirigé des essais victorieux contre le phylloxéra, en citant les endroits et des noms de propriétaires.

A beau mentir qui parle de loin.

Quoi qu'il en soit, il est incontestable que d'année en année les désastres augmentent. On a donc pu dire avec vérité que, presque partout, la maladie phylloxérique reste dans les vignobles qu'elle a ravagés, qu'elle s'avance de 25 à 30 kilomètres par année et qu'elle envahit chaque année environ 100,000 hectares de vignes.

Enfin, depuis 1863, année où le phylloxéra a fait sa première apparition dans le département du Gard, *trente-neuf* de nos départements ont été successivement envahis et presqu'un tiers des vignobles de ces départements est entièrement perdu !!

Cette situation désolante nous a imposé le devoir de publier la mise en ordre de nos notes sur le *phylloxera vastatrix.*

I

LE PHYLLOXÉRA DE LA VIGNE

Le *phylloxera vastatrix* est celui qui attaque la vigne dans toutes ses espèces et sous presque toutes les latitudes; néanmoins, le phylloxéra de la vigne est loin d'avoir partout la même puissance destructive sur les ceps de vigne. En Amérique, par exemple, presque toutes les vignes sont plus ou moins habitées par cet insecte parasite, mais elles ne périssent pas, elles végètent toujours ; en un mot, sans mieux se porter pour cela, les vignes américaines vivent en assez bonne intelligence avec le phylloxéra.

Cette vie commune des deux plus grands ennemis que l'on connaisse dans l'histoire de la nature représente l'un des motifs de cette étude ; elle va, en effet, nous mettre sur la voie des moyens à employer pour chasser cet insecte nuisible des vignobles de notre pays.

De même qu'en toute chose, c'est par les causes et non par les effets qu'il faut étudier les plans de la bataille à livrer à l'insecte américain.

Le phylloxéra n'est point un accident isolé, non, car il n'y a rien d'isolé dans la nature ; bien au contraire, tout dans l'harmonie universelle a ses tenants et aboutissants, ses causes et ses pourquoi, enfin ses similaires ainsi que ses amis et ennemis. Il s'ensuit que, lorsque l'humanité en général et les sociétés en particulier jouiront de leurs forces collectives, chacun de leurs ennemis sera utilement combattu.

Exemple. Si les intérêts collectifs avaient eu des centres actifs, l'étude de l'utilité des petits oiseaux aurait été faite il y a longtemps au sujet de chacun des multiples intérêts de l'agri-

culture, et ces précieux intérêts auraient été protégés par la conservation des petits oiseaux.

Les insectes de l'agriculture.

La production générale est divisée en trois parties principales procédant l'une de l'autre en se confondant incessamment dans chacune des manifestations de l'harmonie universelle. Pour parler au figuré, les trois personnes de la production et reproduction éternelle ne forment qu'un seul et unique créateur représenté par les trois règnes de la nature.

Les insectes, animalcules et infiniment petits du règne rudimentaire de la construction universelle qui est le règne minéral, sont à peu près tous classés ou à classer dans la grande famille des insectes utiles. — Cette qualité exclusivement productive des insectes du premier règne vient de ce qu'étant à peu près tous sédentaires, ils sont obligés de rendre les matières et gaz qu'ils consomment et transforment aux parties de territoires qu'ils habitent et qui leur ont par conséquent fourni ces mêmes gaz et matières dont ces insectes ou animalcules se sont nourris, au moyen desquels ils ont pu se développer et se reproduire.

La nature vit et se reproduit toujours par elle-même, dans son ensemble ainsi que dans chacun de ses innombrables détails ; — ce don de reproduction générale de vie et d'intérêts communs représente la principale loi de conservation éternelle, loi qu'il faut toujours avoir présente à la pensée lorqu'il s'agit d'étudier utilement la mère universelle.

*
* *

La nature présente toujours et partout la santé et le bien-être à l'homme ; aussi lorsque la maladie se produit *partiellement* par les petits maux et les petites misères qui entourent l'humanité et la piquent constamment comme avec des épingles ; ou mieux, lorsque la maladie se produit plus *généralement* contre les intérêts de l'homme en société comme dans la question du phylloxéra de la vigne ; — l'homme peut être absolument certain que tous ces maux, misères ou maladies peuvent et doivent être guéris par lui-même avec les moyens que la nature lui tend à pleines mains.

Par ses insectes infusoires, gazeux ou matériels, lesquels ne se déplacent généralement que dans leur rayon familial, le règne minéral fournit constamment au règne végétal la plus grande partie des qualités nutritives de ses éléments producteurs. Chacun sait en effet que ;— c'est la qualité minérale des territoires qui constitue les différences si sensibles — *qui existent entre les mêmes produits du sol poussés dans des territoires différents* — relativement à leur tempérament, à leur finesse, enfin à toutes leurs multiples qualités chimiques.

Lorsqu'un bon sous-sol jouit d'une exposition atmosphérique avantageuse, les terres qui le recouvrent rapportent des fruits nombreux et de bonne qualité, quand elles sont bien travaillées et amendées.

Par la constatation des qualités productives des insectes sédentaires du règne minéral, on voit que le proverbe, *pierre qui roule n'amasse pas mousse,* est bien pris sur le vif de l'esprit des lois de la nature.

Par une merveilleuse prévoyance de l'esprit créateur, les insectes du règne minéral se détruisent périodiquement les uns les autres, de façon que le travail souterrain de la production générale reste le partage des insectes les plus vigoureux, c'est-à-dire des plus sains.

Aucun, ou presque aucun insecte du règne minéral n'est pourvu d'ailes. — On ne trouve guère les moyens de transport rapide que sur le dos des insectes du règne végétal. Du reste, les ailes des petits insectes sont généralement le signe de leurs qualités nuisibles, les insectes utiles du règne minéral sont plus généralement pourvus d'enveloppes défensives.

Les insectes utiles et les insectes nuisibles du règne végétal.

Les insectes, animalcules et infiniment petits du règne végétal sont généralement plus perfectionnés que ceux du règne minéral; l'esprit du fuseau de la nature nous montre les insectes du règne végétal comme étant les descendants perfectionnés et continuateurs de toutes les races d'insectes du règne minéral.

Avec la liberté que le règne végétal donne à ces petits insectes relativement perfectionnés, les qualités nuisibles de quelques-uns d'entre eux prennent souvent un développement considérable. En un mot, avec le règne végétal commence pour tout bon observateur l'affirmation évidente de l'utilité et de la nuisibilité des individus composant le petit monde qui nous occupe.

Voilà pourquoi ces êtres rudimentaires de la

science du bien et du mal ont été nommés par les naturalistes, *insectes utiles et insectes nuisibles.*

Les insectes nuisibles et les insectes utiles se reconnaissent généralement aux qualités suivantes :

1° De même que les hommes d'étude et les travailleurs laborieux, les insectes utiles sont pour la plupart, comme il vient d'être dit, sédentaires, c'est-à-dire non voyageurs, ils vivent et travaillent généralement en familles nombreuses.

2° Les insectes nuisibles sont, bien au contraire et pour la plupart, voyageurs, c'est-à-dire nomades et par conséquent nuisibles et voleurs.

Les insectes sédentaires sont donc naturellement travailleurs et producteurs, tandis que les insectes voyageurs ne produisent presque rien d'utile; bien au contraire, ils vont vivre aux dépens de tout ce qu'ils rencontrent, c'est-à-dire aux dépens des arbres, arbrisseaux et plantes qu'ils sucent, dévorent et auxquels ils inoculent parfois de terribles maladies, au moyen des venins plus ou moins subtils dont ils saturent constamment leurs petites pattes et mandibules en se posant sur des plantes, viandes et cadavres d'animaux en décomposition.

Le paragraphe ci-dessus indique catégoriquement pourquoi les naturalistes ont de tous temps indiqué les insectes sédentaires comme étant ceux utiles à l'agriculture ; — tandis que les familles d'insectes nomades et vagabonds c'est-à-dire improductifs, maraudeurs et déprédateurs, sont généralement celles indiquées par la science comme étant nuisibles aux multiples branches de l'agriculture.

*
* *

Au sujet des insectes nuisibles il faut bien être convaincu que : les galles, ulcères et champignons parasites, etc., des plantes de toute la nature, ont été et sont encore créés tous les jours de belle saison par des venins inoculés et déposés sur les plantes et leurs feuilles, fruits et fleurs au moyen des pattes et mandibules des insectes voleurs et volants.

Comme résultat général des habitudes parasitaires, les insectes pourvus d'ailes détruisent considérablement plus de richesses végétales, qu'ils vont souvent chercher jusque dans leurs sources, c'est-à-dire dans les racines et radicelles des plantes, qu'ils n'en ont besoin pour entretenir le feu de leur existence.

En effet, si les insectes nomades et par conséquent voleurs, consommaient en fruits, feuilles, herbes ou mousses arrivés à maturité, le supplément de leur consommation journalière qui vient d'être expliqué, cela ne représenterait qu'une minime partie du mal considérable que les insectes produisent dans l'agriculture. Bien au contraire, la plupart des familles d'insectes nuisibles ont la même spécialité destructive que celles du phylloxéra de la vigne, c'est-à-dire qu'elles s'attaquent généralement aux séves des plantes, en leur suçant leurs parties les plus vitales et les plus délicates. — Par ce moyen, les insectes nomades décomposent les sucs qui représentent le sang des plantes; alors, les plantes deviennent peu à peu malades, elles se couvrent de boutons, de galles et d'ulcères sur leurs feuilles, leurs branches, troncs et racines, puis sèchent et meurent de par la même loi qui tuerait un homme auquel on sucerait les parties ferrugineuses, sulfureuses et albumineuses du sang. — De même que les vignes dont les sucs sont extraits, distraits ou empoisonnés par le phylloxéra, l'homme dont les qualités vitales du sang seraient sucées, se couvrirait de dartres, boutons et efflorescences de peau, puis sècherait pour ainsi dire et mourrait ensuite comme les beaux vignobles des départements de Vaucluse, du Gard et de l'Hérault, etc., etc., l'ont fait et le font encore tous les ans sous l'influence des déprédations du phylloxéra.

Les correctifs de la nature.

En thèse générale, il faut se méfier de toutes les prétendues inventions pour détruire le phylloxéra, dont l'emploi exige des dépenses relativement très-élevées.

1° « Parce que les prix élevés faisant naturellement lésiner sur les quantités, les résultats seront constamment compromis par un traitement incomplet.

2° « En supposant que quelques propriétaires fassent des sacrifices suffisants pour désinfester leurs vignes du phylloxéra au moyen d'une invention coûteuse à employer, ils auront certainement des voisins moins riches qui retarderont cette dépense jusqu'à preuve définitive et complète ; par ce moyen, les vignes des retardataires réinfesteront celles débarrassées ou soidisant débarrassées du phylloxéra, et rien ne sera fait ; — mais ce qui est plus grave c'est que tout sera remis en doute.

3° « Parce que, pour le phylloxéra comme pour toute chose, la nature a des remèdes exactement aussi abondants que le mal, il faut donc par économie morale et matérielle rechercher les remèdes qui se trouvent partout dans la nature, car ce qui est abondant est à bon marché.

Les sulfures, monosulfures, bisulfures, etc. ; les oxydes, peroxydes, protoxydes, etc. ; les sulfates, phosphates, etc., etc., etc., de chacune des substances chimiques du règne minéral que l'on a employées, que l'on emploie et que l'on emploiera peut-être encore isolément contre le phylloxéra, malgré leur insuccès répété, représentent des remèdes complétement inefficaces à tous les points de vue.

En plus, ces remèdes spéciaux brûleraient les racines des ceps et coûteraient le double de ce que vaut la vigne si ils étaient employés en assez grande quantité pour détruire à peu près tous les phylloxéras d'une propriété (1).

---

(1) Dans les conditions ordinaires, alors que l'on veut détruire les parasites sans compromettre la vigne, nous n'employons jamais plus de 32 grammes de sulfure de carbone par mètre carré. (Rapport de M. Catta au comité de Dijon, le 12 août 1878.) 32 GRAMMES PAR MÈTRE EST, A NOTRE SENS, UN VÉRITABLE CAUTÈRE SUR UNE JAMBE DE BOIS.

Pour que ces composés chimiques qui opèrent sur de petites surfaces seulement arrivent à détruire radicalement les phylloxéras, il faudrait que ces insectes puissent être tous convoqués autour des ceps de chacune des vignes attaquées, qui seraient alors soumises à un traitement spécial, et cela, afin que ces composés qui ont malheureusement et ne peuvent avoir dans la pratique qu'un rayon très-limité d'action utile, puissent facilement exterminer les ennemis de nos vins. — Cela étant impossible, ces agents insecticides continueront à être impuissants contre un insecte comme le phylloxéra qui se reproduit beaucoup trop vite pour le summum d'activité que ces agents peuvent donner sans nuire à ce qu'ils seraient appelés à sauver.

*
* *

Il est très-malheureux que le public ne soit pas renseigné sur les prétendus essais couronnés de succès que se vantent d'avoir faits la plupart des conseilleurs de remèdes spéciaux contre le phylloxéra.

Ces prétendus essais victorieux n'ont qu'un but, qui est celui de faire dissiper les ressources des propriétaires en remèdes spéciaux qui sont tous plus ou moins inefficaces ! — Et pourtant, la nature nous offre partout et presque pour rien des engrais amers et insecticides tellement abondants et efficaces que, — le plus pauvre des vignerons *(s'il est seulement un peu aidé par ses concitoyens)* pourra en inonder littéralement les terres de ses vignes en ne laissant aucune place dans laquelle et sous laquelle le phylloxéra pourra vivre et se reproduire.

Pour combattre les désastreux effets du phylloxéra sur nos vignes, de même que pour combattre les déprédations de tous les autres insectes nuisibles, la Nature, en bonne mère, a donc établi des correctifs puissants à la portée de l'homme et dont il peut se servir avec la plus grande facilité; il ne s'agit pour lui que de les connaître pour les opposer peu à peu et les mettre à la hauteur du nombre et des forces de l'ennemi des fruits de la terre, que la nature lui a imposé contre les intérêts de son travail de tous les jours afin de l'habituer à se défendre.

Les correctifs de la nature contre les ravages des insectes nuisibles se divisent en deux parties principales :

1° Les petits oiseaux ;

2° Les engrais amers et insecticides qui sont en même temps reconstitutifs.

Il faut d'abord poser en principe que le caractère épidémique donné à la destruction de nos vignes par le phylloxéra représente une erreur.

Chacun sait en effet que l'épidémie phylloxérique est attachée sous la forme d'aile aux dos de toutes les femelles de phylloxéras.

Lorsque nous connaîtrons mieux les lois naturelles nous saurons que toutes les prétendues épidémies ne sont causées que par un trop grand développement de certaines races d'insectes ailés, invisibles à l'œil nu. Cette connaissance parfaite des insectes microscopiques démontrera à l'homme qu'il n'est aucun de ses maux qui ne soit guérissable à bref délai, parce que la nature a mis partout le remède à côté du mal, il ne s'agit donc pour l'homme que de connaître la cause de chacun de ses maux afin d'être facilement conduit à se défendre avec le vrai remède qui n'est jamais très-éloigné de lui (1).

---

(1) Les vignes de la Sicile n'ont pas de phylloxéras parce que leurs terrains sont sulfureux, mais il faut rejeter bien loin une fable que l'on publie à ce sujet pour engager à transplanter des ceps de vigne de Sicile dans

Pour arriver à savoir bien se défendre, il faut que les hommes apprennent à lire couramment dans l'immense livre de la Nature qu'ils ne savent encore qu'épeler.

---

le Midi. En effet, aussitôt hors des terrains sulfureux de la Sicile, ces ceps recevraient de suite les phylloxéras aussi bien que les autres.

Les petits oiseaux.

> La destruction de l'ortolan et du becfigue a livré la vigne à l'invasion de la pyrale et de l'oïdium.
>
> Toussenel.

Les petits oiseaux font une guerre terrible et toujours victorieuse aux insectes nuisibles, parce que ces derniers se nourrissent de sucs *(que les oiseaux ne peuvent extraire eux-mêmes des plantes)*; — les insectes nuisibles représentent donc pour les petits oiseaux le mets le plus délicat que la nature puisse leur fournir. — En dehors des insectes, les petits oiseaux n'ont que les grains pour se nourrir, mais les grains sont durs et très-difficiles à briser par les mandibules des becs fins, en outre, les grains représentent une nourriture farineuse fort grossière en comparaison des petits insectes tout boursouflés de la sève et du suc parfumé des plantes.

Cette explication a pour but de démontrer que les petits oiseaux adorent manger les insectes et qu'il est impossible, cela étant prouvé, qu'ils ne leur fassent pas une guerre acharnée.

La nature a donc employé encore ici son grand moyen conservateur, c'est-à-dire que la nature a intéressé tous les petits oiseaux à détruire les insectes ailés qui sont ceux étant toujours à leur portée, parce que les insectes ailés se nourrissant du suc des plantes qu'ils font périr par ce moyen, représentent comme il vient d'être dit une nourriture exquise pour les oiseaux. Chacun sait et peut se rappeler à ce sujet que les rossignols se laissent généralement mourir de faim en cage, parce qu'il est impossible de leur trouver une nourriture comparable en finesse et en qualité à celle que leur fournissent les insectes des champs et des bois.

Les autres petits oiseaux qui vivent mieux en cage que le rossignol sont ceux dont l'estomac finit par s'habituer au pain dur de la prison, mais cela ne veut pas dire qu'ils s'en trouvent plus heureux.

*
* *

Malheureusement, les hommes trouvent, eux aussi, que les insectes nuisibles sont délicieux à manger, puisqu'ils adorent consommer les petits oiseaux des champs dont toutes les chairs sont formées par les insectes nuisibles.

— En plus, et sans réfléchir au tort énorme qu'ils font à leurs richesses agricoles, les hommes dirigeant nos intérêts laissent bénévolement les enfants détruire les nids et les œufs des petits oiseaux, puis les braconniers dépeupler nos champs, nos bois et nos buissons par la glu, la pipée, les lacets, etc., etc. Sans réfléchir, disons-nous, qu'ils livrent par cela même toutes nos récoltes à de nouvelles plaies, exactement semblables en causes et en résultats à celles qui ont désolé l'Égypte du temps de Joseph fils de Jacob (1), ainsi que du temps de Moïse, pendant le cours des années qui ont précédé le passage de la mer Rouge.

C'est le retour de la destruction générale des petits et grands oiseaux en Égypte qui a fait prédire toutes les plaies qui ont désolé ce pays par les insectes; — Plaies qui se sont produites telles que Moïse l'avait indiqué.

Le culte des oiseaux en Égypte était bien antérieur à Joseph et à Moïse. Il vient évidem-

---

(1) *Joseph est arrivé à être le ministre du pharaon d'Égypte, qui régnait de son temps, en détruisant le retour des sept vaches maigres ou mauvaises années au moyen de la défense, sous peine de mort, de détruire aucun des oiseaux petits ou grands dans tout le pays d'Égypte.*

ment des savants primitifs de ce pays qui ont pris ce moyen pour protéger les défenseurs naturels des récoltes en divinisant les oiseaux. Mais leurs successeurs ont mal compris cette sublime pensée; ils ont simplement maintenu la divinité de l'Ibis (1) *qui se nourrit d'insectes, vers et mollusques aquatiques, ampullaires, planorbes, etc., ainsi que de toutes les espèces de sauterelles; puis, ils ont laissé détruire les autres oiseaux par les braconniers et les pipeurs du temps.*

*
* *

Malheureusement, presque tous les peuples ont eu des écrivains aussi ignorants que les successeurs des savants primitifs d Egypte. Ces écrivains ayant à peu près de tous temps plus ou moins prêché la destruction des oiseaux grands et petits, les peuples ont subi périodiquement des famines et des pestes im-

(1) L'ibis sacré a le plumage blanc. Quelques écrivains ont pensé que l'ibis aurait été choisi parmi les oiseaux pour être divinisé parce qu'il est monogame et par instruction pour les populations à mœurs très-corrompues qui habitaient les mêmes pays que lui. — L'apparition de l'ibis aux bonnes mœurs amenait *(d'après les anciens prêtres d'Égypte)*, la crue du Nil qui féconde ce pays.

menses qui n'ont jamais eu d'autres causes que les insectes plus ou moins microscopiques, dont le nombre insuffisant d'oiseaux grands et petits laissait développer la quantité dans des proportions parfois effrayantes et inimaginables.

Les plus ignorants des écrivains dont nous parlons ont découvert et redécouvert à des siècles et milliers d'années de distance chez tous les peuples antiques et modernes de toutes les parties du monde que — chaque petit oiseau mangeait par an plusieurs mesures plus ou moins grandes de grains. Ces savants affirmaient constamment que les oiseaux étant la cause unique des famines, il fallait en faire le plus grand carnage possible.

Voici un des plus jolis spécimens émanant de l'un de ces dangereux ignorants du XVIIIe siècle.

« *Nous nous arrêterons un peu plus long-* » *temps au moineau, nous raconterons, et même* » *avec une sorte de complaisance, ce qu'une mul-* » *titude d'observations suivies nous ont fait* » *connaître touchant les déprédations, l'astuce* » *et l'audace de cet insigne maraudeur. Jamais* » *on n'imaginerait le tort que ce petit animal* » *fait aux laboureurs; croirait-on qu'il n'en* » *est pas un seul qui ne mange par année dix* » *livres de grains et plus? Aussi est-il univer-*

» *sellement proscrit et détesté; sa tête est mise*
» *à prix en Allemagne, en Angleterre et dans*
» *plusieurs autres pays, parce que partout il*
» *porte le même instinct malfaisant et que par-*
» *tout il exerce également ses déprédations,*
» *etc., etc.* »

(*Histoire du Froment*, par Poncelet, à Paris, chez G. Desprez, rue Saint-Jacques, 118 à 122, M.DCCLXXIX, avec privilége du roi.)

Ce Poncelet est l'un des néfastes écrivains qui d'âge en âge ont l'air d'être chargés par l'esprit du mal de répandre les ténèbres dans les populations : Il est reconnu en effet que : les oiseaux à gros becs en général et le moineau en particulier n'aiment le grain que dans les fumiers, parce que là il est attendri. — En dehors du fumier, les grains sont horriblement durs à casser même pour les gros becs; les oiseaux en général ne mangent donc du grain qu'à défaut de chenilles et autres insectes nuisibles. Sur douze moineaux tués et ouverts dans la saison des récoltes, on n'a trouvé du grain que dans quatre gésiers, mais tous étaient remplis de chenilles et autres insectes, et encore, les cinq ou six grains trouvés étaient pour la plupart des grains de fumier.

Oui, ce sont bien les petits oiseaux qui sauvent nos récoltes en détruisant les insectes nuisibles qui les dévoreraient entièrement sans eux. — Heureusement qu'il y a de grands hivers détruisant chacun beaucoup d'insectes nuisibles dans les campagnes; — si l'on veut bien en faire la remarque, ce sont les années qui ont suivi les grands hivers où il y a eu beaucoup de neiges qui sont les plus abondantes en grains et vins. Eh bien, si nous avions des petits oiseaux en quantité suffisante dans nos campagnes, les années d'abondance seraient beaucoup plus nombreuses que les grands hivers.

C'est donc surtout au sujet de la conservation des oiseaux destructeurs des insectes nuisibles qu'il y a lieu de répéter sans cesse :

Il n'y a qu'un bien, *savoir* ;

Il n'y a qu'un mal, *ignorer*.

*
* *

Un seul pays a vu jusqu'ici ses Gouvernants et Édiles s'amender complétement au sujet des petits oiseaux; ce pays s'appelle les Etats-Unis de l'Amérique du Nord; les Américains ayant reconnu que la destruction des petits oiseaux dans un pays représente en quelque sorte le suicide de son agriculture, ont fait des lois et ordonnances qui punissent de la prison et de l'amende ceux qui détruisent les petits oiseaux ou même leur font le moindre mal. Aussi, dans toutes les villes de ce pays, les petits oiseaux habitués à être respectés viennent en quelque sorte manger dans votre main.

Les gouvernants américains continuent le maintien de ces sages ordonnances parce qu'ils sont convaincus que l'oïdium, la pyrale, le gribouri, la nielle, la maladie des pommes de terre, le charbon des céréales, ainsi que toutes autres maladies de la vigne, y compris le trop célèbre phylloxéra, ont pour cause principale et même fondamentale la proportion infiniment trop petite des oiseaux dans les campagnes d'un pays.

L'Angleterre s'est également amendée autrefois après avoir décrété la destruction des petits oiseaux plusieurs années avant, et en avoir été punie par la famine et par la peste.

Les pestes, les choléras ainsi que les typhus n'ont jamais eu d'autres causes que l'absence des oiseaux et la négligence des populations qui laissent pourrir à l'air les cadavres des gros et petits animaux.

Michelet et Toussenel nous apprennent tous les deux dans ces termes que des erreurs semblables ont été commises ailleurs qu'en Amérique et en Allemagne, mais que des punitions terribles en ont été la suite fatale.

« *Dans l'île Bourbon, par exemple, la tête* » *du Martin était à prix; il disparaît et alors* » *les sauterelles prennent possession de l'île,* » *dévorant, desséchant, brûlant d'une âcre ari-* » *dité ce qu'elles ne dévorent pas.* »

(*L'Oiseau,* de Michelet, huitième édition.)

« *Je lisais naguère dans un recueil de sta-* » *tistique fort peu édifiant, qu'on pouvait* » *évaluer au moins à dix millions de francs* » *ou à dix millions d'hectolitres, je ne sais plus* » *bien lequel, la quantité de froment dont le* » *moineau faisait tort chaque année à la France :* » *or, je ne mets pas en doute que cette absurde* » *assertion n'ait trouvé de nombreux croyants.* »

« *Rappelons encore que les économistes, une* » *secte qui nous vient d'Angleterre, supplièrent* » *un jour le gouvernement de leur pays de* » *mettre à prix la tête du moineau franc, dans* » *l'intérêt de l'agriculture, et que le gouverne-* » *ment anglais eut la faiblesse d'accéder à cette*

» *proposition dont il ne tarda pas à reconnaître*
» *la sottise.* »

(*Ornithologie passionnelle* de Toussenel, pages 217 et suivantes.)

Nous allons nous permettre une courte digression à ce sujet, afin de bien constater que des imprévoyances du même genre existent malheureusement pour d'autres intérêts que ceux de l'agriculture.

Voici un résumé de ce qui se passe, contre les intérêts de nos pêcheries maritimes, sur les rives des Bouches-du-Rhône, du Var et des Alpes-Maritimes.

Sur tout le littoral, depuis la rivière de Gênes jusqu'aux environs de Toulon et même plus loin ; — les pêcheurs français et italiens ramassent, à l'aide de leurs filets et autres instruments de pêche, non-seulement les jeunes et même microscopiques poissons, mais encore et surtout le frai, c'est-à-dire les œufs que toutes les espèces de poissons viennent déposer successivement et tour à tour sur les bords de la mer.

Cette manière de pêcher représente la destruction lente mais certaine de toutes les races de nos poissons. — Il est vrai que cette pêche désastreuse a été plus ou moins pratiquée en tous les temps ; néanmoins, jamais son développement n'a été aussi considérable, et l'on pourrait même dire déraisonnablement exagéré, que ces dernières années aux environs de Nice, contrée où l'autorité française n'a jamais eu assez de persuasion ou peut-être d'énergie pour faire comprendre aux notables habitants des rivages méditerranéens, qu'en agissant ainsi ils marchent à leur ruine, qu'ils affament le pays, enfin qu'ils mangent en réalité leur blé en herbe.

En effet, presque tous les poissons utiles dans les grandes villes des rives de la Provence et des Alpes-Maritimes, viennent des pêcheries de la Corse et même de celles de l'Océan.

2.

LE PHYLLOXÉRA ET LES OISEAUX

Il est démontré que les familles du phylloxéra habitent deux ou trois ans des vignobles sans que les propriétaires puissent s'en apercevoir autrement que par la diminution de leurs récoltes, puis par certaine langueur, faiblesse et manque de vivacité végétative des ceps de leurs vignes ; la quatrième année seulement, la maladie causée par la présence de plus en plus nombreuse de l'insecte polymorphe se reconnaît aux feuillages, aux sarments, ainsi qu'aux raisins.

Si les oiseaux étaient en quantité suffisante dans une zone vignoble, les progrès du phylloxéra ne dépasseraient jamais dans cette zone ceux de la première année de sa présence sur les racines des ceps.

Ceci nous amène à poser en principe la règle suivante :

1° La première et la deuxième année de la présence du phylloxéra dans des vignes, les moyens naturels de destruction par les oiseaux suffiraient à arrêter ses progrès.

2° La troisième année réclame l'aide des engrais insecticides et amers combinés que nous indiquons plus loin.

3° La quatrième année et les suivantes de la présence du phylloxéra dans des vignes, demandent impérieusement pour leurs ceps le traitement supplémentaire par les engrais insecticide-liquide qui vont être indiqués.

Ces explications démontrent clairement que :

Si les petits oiseaux avaient seulement existé en quantité normale, le phylloxéra n'aurait jamais pu se développer au point de détruire les vignes dans des cantons entiers comme il l'a fait dans le midi de la France.

*
* *

Il est fort utile pour le sujet qui nous occupe de savoir que le phylloxéra est un parasite originaire de pays plus chauds que le nôtre; par suite, les terrains chauds de nos vignobles ont toujours été plus accessibles que les autres au développement et à l'acclimatation de cet insecte éminemment nuisible. — Jusqu'à présent, en effet, les terrains froids c'est-à-dire marneux et argileux qui produisent plus spécialement nos vins blancs mousseux, ont été en général et paraissent devoir continuer à être privés de la présence désastreuse du parasite venu d'Amérique. — Nous pensons néanmoins que, si les vignobles français à base marneuse et argileuse continuent à être privés du secours des petits oiseaux, d'autres insectes nuisibles ou même le phylloxéra lui-même mieux acclimaté, viendront sûrement punir cette imprévoyance des propriétaires de tous les crus de nos vins frais (1).

(1) Les vignes des terrains sablonneux et humides ont peu, n'ont pas ou ont moins de phylloxéras que les autres, parce que cet insecte nuisible déteste l'eau et

Paris et le vin mousseux. — Tous les peuples étrangers des cinq parties du monde ne reconnaissent véritablement la supériorité de la France sur leurs divers pays qu'à cause de nos vins mousseux, et de Paris, notre capitale, qui est réellement celle du monde civilisé.

Or, comme nos vins mousseux poussent à peu près tous sur des terrains marneux ou argileux, on voit que, quoi qu'il arrive, notre pays conservera au moins en grande partie les deux causes principales de sa suprématie sur les autres contrées du monde.

Repeuplement. — Il faut donc repeupler de suite et généralement la France de petits oiseaux, sans écouter certains rhéteurs dévoyés qui sont à peu près tous de la force de l'écrivain Poncelet cité plus haut. — Ces rhéteurs champêtres prétendent qu'une loi pour le repeuplement des petits oiseaux en France ne servira à rien tant que cette loi ne sera pas acceptée et mise à exécution par toutes les puissances, enfin, tant

---

préfère par conséquent de beaucoup les terrains chauds ; — Les sols de la vigne réputés comme étant chauds, sont généralement calcaires, siliceux, alumineux et magnésiens ; ils procèdent des terrains primitifs, de transition, secondaires, tertiaires et volcaniques.

que cette loi ne sera pas devenue internationale. — Si cette loi n'est pas internationale, disent ces ignorants, les petits oiseaux de nos pays émigreront et nous n'en aurons toujours et à peu près pas davantage.

Cette manière de voir est absolument erronée ; les petits oiseaux suivent peu les idées voyageuses du pigeon de la fable. Bien au contraire, les petits oiseaux vivent et meurent généralement dans les cantons ruraux qui les ont vus naître, ils quittent rarement des espaces champêtres de la grandeur d'un département, sauf pour cause de disette ; excepté, bien entendu, les races d'oiseaux voyageurs qui sont du reste peu nombreuses parmi celles qui détruisent les insectes nuisibles à l'agriculture.

Les insectes charbonneux et venimeux.

De même que les insectes nuisibles des céréales, le phylloxéra est venimeux.

L'orge, le maïs, le froment, le seigle, etc., sont périodiquement couverts de champignons microscopiques et charbonneux dus à la piqûre et à la cohabitation d'insectes nuisibles dont personne n'a encore étudié utilement la vie, les races et les habitudes.

De même que les insectes des céréales, le phylloxéra fait couvrir de boutons et d'ulcères les feuilles et les fruits de la vigne ; quelques observateurs ont pensé, à tort selon nous, que beaucoup de boutons des feuilles de vigne étaient des pontes d'été du phylloxéra ; — nous croyons cette opinion inexacte dans une grande proportion. En plus, les piqûres des mères pondeuses de phylloxéra produisent des nodosités caractéristiques sur toutes les radicelles des ceps qu'elles atteignent.

Le phylloxéra s'attaque donc de préférence aux radicelles, c'est-à-dire aux petites racines de la vigne, lesquelles lui offrent au printemps et en été des sucs et sèves qu'il aime et dont la disparition ou même la diminution font un mal énorme aux pieds des ceps de vigne et partant à leurs fruits et végétations.

*
* *

Le phylloxéra reste généralement en terre ou sur les bois de vigne pour se nourrir, mais ses femelles sortent toujours de terre pour reproduire; s'il y avait encore des masses de petits oiseaux dans nos vignobles, il est très-naturel de comprendre qu'ils guetteraient et détruiraient au sortir de terre ces suceurs de sucs, dont les petits oiseaux sont très-friands ; — le phylloxéra ne pourrait donc plus se reproduire dans nos vignobles que dans une proportion très-minime, en effet : Les oiseaux à bec fin qui hantent les vignes ont la vue tellement perçante, qu'ils aperçoivent les insectes les plus microscopiques tels que pucerons, gallinsectes des plantes, moucherons, teignes en fourreaux, parasites ailés, etc., etc., qu'ils aiment beaucoup à manger. — Les petits oiseaux connaissent parfaitement les époques de l'année et même les heures du jour où les sujets de chaque race d'insectes microscopiques sortent de terre; ils les attendent seuls ou en nombre et les happent pour ainsi dire par douzaines.

Les petits oiseaux à bec fin voient et détruisent non-seulement les insectes microscopiques et volants comme les femelles du phylloxéra, mais encore toutes leurs larves, pupes et cocons qu'ils ramassent adroitement avec leurs petits becs comme de petites gouttes de crème sur les bourgeons et bulbilles des végétaux, ainsi que sur les écorces, sarments et même sur les feuilles de la vigne. Les petits becs fins des oiseaux vont jusqu'à s'introduire dans les rugosités de l'écorce des ceps et y enlèvent rapidement et entièrement les larves et œufs des phylloxéras et autres parasites dont ils sont encore plus friands que des insectes eux-mêmes.

*
* *

Les petits oiseaux à bec fin détruisent peut-être chacun plusieurs centaines de fois plus d'insectes microscopiques que les moineaux et autres oiseaux à gros bec détruisent de chenilles et autres insectes nuisibles plus gros. — Afin que le lecteur puisse sainement faire lui-même le calcul par comparaison de ce qui se détruirait de phylloxéras dans les vignes de France par les petits oiseaux à becs fins s'il y en avait encore dans nos vignobles, — nous allons reproduire un extrait des Mémoires de Réaumur qui donne un calcul aussi exact que possible sur la quantité de chenilles détruites chaque semaine par une paire de moineaux ayant leurs petits à nourrir.

Les oiseaux nous font beaucoup de bien en détruisant les insectes nuisibles ; il est prouvé par un calcul exact qu'une seule paire de moineaux qui a ses petits à nourrir détruit dans une semaine 3,360 chenilles.

Mais le moineau porte aussi dans son nid des papillons, ce qui vaut bien des chenilles pour diminuer le nombre de ces mêmes chenilles dans un jardin.

On voit que, quand la Nature a rendu certains genres d'animaux prodigieusement féconds, elle a eu soin en même temps d'empêcher que, malgré leur grande fécondité ils ne se multiplient par trop; voilà pourquoi elle a produit d'autres animaux pour les détruire.

(*Extrait des Mémoires de Réaumur*, par M. C. de Monmahou, professeur à l'École municipale Turgot.)

Cette dernière phrase de Réaumur est admirablement applicable au phylloxéra, dont une mère peut, dit-on, elle et sa descendance, reproduire des millions de petits phylloxéras dans une seule année; — puis, aux petits oiseaux à bec fin que la nature a créés pour établir l'équilibre du nombre dans toutes les races d'insectes nuisibles. — Mais, comme les hommes tuent et mangent les petits oiseaux, les vignes de nos provinces disparaissent peu à peu sous les coups du phylloxéra, parce que cet insecte polymorphe n'a plus devant lui en nombre suffisant, le correctif que la nature lui avait imposé afin de l'empêcher de devenir une plaie effroyable pour les vignobles français.

Ainsi que nous l'avons dit plus haut, les Américains du Nord punissent de la prison et de l'amende tous les destructeurs des petits oiseaux et surtout de leurs nids, œufs et petits. — Aussi, le phylloxéra qui est la calamité des vignobles français est à peu près inoffensif dans les États de l'Amérique du Nord, parce qu'il n'est plus en assez grande quantité dans les vignes grâce aux razzias opérées sur lui par les oiseaux. — Nous nous sommes toujours demandé depuis bien des années pourquoi une grande et salutaire loi n'avait pas encore été votée en France dans le but si noble de protéger toutes nos récoltes par la punition sévère des destructeurs des petits oiseaux et de leurs nids ? — puis, par une défense de détruire les petits oiseaux?

III

LE PHYLLOXÉRA ET LES ENGRAIS INSECTICIDES.

> Le cultivateur demande trop à la vigne et ne lui rend presque rien.

Le *quassia amara*, le houblon, la gentiane, la chicorée amère, etc., etc., sont des amers que l'on mélange au vin des repas pour donner de l'appétit à ceux qui n'en ont pas ou qui en ont peu. — Les amers ainsi administrés dans la boisson n'ont pas d'autre but ni d'autre effet que celui de détruire les elminthes, les lombrics, ainsi que tous les autres animalcules microscopiques des voies digestives et de l'estomac, lesquels animalcules ou ascarides sont rangés par les savants dans la catégorie des insectes nuisibles du corps humain.

Lorsque la proportion de leur nombre dépasse celle indiquée par la nature, les insectes invisibles du corps humain détruisent les sucs nutritifs et digestifs de l'estomac et apportent par cela même le malaise, puis la maladie des sujets dont ils sont les dangereux parasites.

Le trop grand nombre de phylloxéras dans les vignes produit le même effet aux ceps dont ils détruisent les sucs vitaux, que les insectes du corps dans les estomacs des humains dont ils détruisent également les sucs vitaux. — Nous proposons donc un deuxième remède contre le phylloxéra. Ce remède a pour base les amers, exactement comme pour la destruction des insectes microscopiques de l'estomac.

*
* *

On appelle généralement engrais toutes les substances qui concourent au développement et à l'accroissement des végétaux. — Il s'ensuit donc que les engrais amers dont nous allons indiquer quelques-uns, ont tous pour but de détruire le parasitisme des insectes nuisibles à l'agriculture, soit par la destruction, soit simplement par l'éloignement. Par ces motifs, les engrais amers et insecticides doivent être réputés pour des engrais de premier ordre.

Comme exemple, nous posons en fait que les engrais amers produisent sur la terre les mêmes effets que le vin de quinquina et les autres amers bien appropriés aux divers tempéraments, produisent sur les estomacs des personnes malades.

Il est évident que : *si l'œil du maître engraisse le cheval* (selon le vieux proverbe corporatif), par l'éloignement des serviteurs qui volent les grains que le maître destine à nourrir ses chevaux, les engrais amers destinés à détruire ou éloigner les insectes nuisibles de la racine et des radicelles des plantes auxquelles ces insectes *volent* en quelque sorte les sucs, sont parfaitement capables d'engraisser les plantes de l'agriculture en général et de leur faire rendre au profit de l'humanité tous les fruits que leur âge, leur nature, leur constitution, le terrain dans lequel elles vivent, enfin l'exposition atmosphérique dont elles jouissent, sont capables de leur faire produire chaque année.

Toutes les plantes contiennent plus ou moins du carbone, de la potasse, de la chaux, de l'acide sulfurique, de la soude, de la magnésie, de l'acide phosphorique, du silicium, du fer, etc., etc. Ces amers, qui, comme tous les amers en engrais sont à la fois des reconstitutifs, ont été donnés aux plantes par la nature pour les aider à combattre toutes les diverses et multiples influences malsaines des animalcules et insectes qui sont nuisibles à leur développement, à leur nutrition et quelquefois même à leur existence. Par ces motifs puisés un à un dans les lois de la nature, il paraît certain que les engrais amers faciliteront merveilleusement la vigne à se défendre et à résister aux éléments de mort que lui apporte le nombre exagéré de phylloxéras que l'absence d'oiseaux dans nos campagnes tend encore à faire augmenter de plus en plus.

*
* *

Les plantes se nourrissent à la fois par les racines et par leur feuillage.

— Il s'ensuit que la réunion des différents agents nécessaires à la formation et à la nutrition des plantes est en même temps indispensable à leur développement. Aucune des substances nutritives des plantes ne peut être remplacée par une autre ; en outre, l'absence de l'une d'entre elles limite et paralyse l'action des autres. En un mot, les substances utiles à chacune des plantes n'agissent qu'à la condition d'être toutes réunies dans les proportions voulues et dans un but commun, qui est le plus grand développement possible des richesses végétales au profit de l'humanité.

En résumé, et pour parler au figuré, la nature est un immense concert composé d'une foule d'orchestres de détail dans lesquels chaque musicien appelé doit faire consciencieusement sa partie. — Chaque musicien doit être par conséquent toujours présent à l'exécution des morceaux d'harmonie de la nature, sous peine de déperditions, de désaccords, enfin de malaises partiels toujours regrettables.

Les petits oiseaux étant à peu près toujours de plus en plus absents des concerts de la nature par suite de leur destruction inintelligente par les pipeurs et les braconniers, les musiciens nuisibles à l'harmonie naturelle qui sont les insectes parasites arrivent à être en si grand nombre et leurs déprédations des sucs nécessaires à la nutrition si nombreuses, que le traitement par les engrais insecticides et reconstitutifs doit forcément accompagner le repeuplement des oiseaux pour l'anéantissement à bref délai du phylloxéra, ainsi que pour celui des autres insectes nuisibles à l'agriculture dont le nombre exagéré compromet nos récoltes.

Heureusement que le repeuplement des petits oiseaux ne coûte rien qu'une bonne loi à voter au plus vite. Quant aux engrais amers et insecticides, la Nature les a heureusement répandus partout avec une si grande abondance qu'ils ne coûtent rien ou presque rien que la peine de les ramasser, les préparer et les répandre; il ne s'agit donc que de les connaître et de savoir les mélanger en harmonie avec la nature des terrains et de leurs zones.

Les collaborateurs de la végétation générale.

Les sels des sous-sols de la terre végétale qui remontent vers les mois de janvier, février et mars, suivant la nature des saisons, sont reconnus pour être les plus puissants moyens de production végétale de tous les produits de l'agriculture. La principale qualité productive des sels de la terre réside dans les moyens de résistance qu'ils donnent aux plantes contre le développement exagéré de tous les insectes invisibles à l'œil nu.

Les lombrics ou vers de terre aident puissamment la mission des sels de la terre pour les terrains humides dans lesquels une dévorante activité leur fait percer des trous et conduits en tous sens au travers desquels l'air et les sels de la terre passent et se répandent d'une façon bienfaisante dans toutes les parties de ces terrains. Il y a pourtant des cultivateurs qui détruisent les lombrics, les croient nuisibles et les accusent de bouleverser les semis. Bien au contraire, les lombrics favorisent le succès des semis en faisant tomber dans la terre les parties fertilisantes du sol qu'ils bouleversent en tous les sens pour se nourrir. Sans les vers de terre de toutes les espèces, beaucoup de substances fertilisantes supérieures seraient emportées par les vents dans les boues et sur les chemins ; Michelet a dit du lombric : « *Il y a beaucoup d'insectes utiles qui aident le cultivateur en travaillant sous la terre ; l'innocent lombric qui la perce, et la remue, prépare à merveille les terres glaises et argileuses qui ont peu d'évaporation.* » Mais ce que Michelet n'a pas dit, c'est que le lombric est un anti-vermineux de premier ordre en ce qu'il mâche la terre pour se nourrir des insectes nuisibles qu'elle contient ; — Puis, le lombric rejette la terre lorsqu'elle est pure de parasites vermiculaires. Les laboureurs qui détruisent les lombrics ou vers de terre de toutes les espèces possibles sont donc aussi coupables sans le savoir contre l'agriculture de leur pays, que ceux qui détruisent les petits oiseaux des champs.

*
* *

Les engrais. — Le premier et le plus commun des engrais amers et insecticides est représenté par les écorces de tous les arbres en général, mais surtout par celles des chênes, des sapins, du noyer, etc., etc. — Les écorces du chêne, du sapin, ainsi que celles du noyer et autres, à choisir dans celles qui contiennent le plus d'amertume ainsi que de résine, pilées, écrasées et réduites en grosse poussière, forment donc un excellent engrais amer.

Puis vient le marron d'Inde et les enveloppes des noix qu'il faut également réduire en grosse poussière comme les écorces, soit pour les répandre telles quelles sur les terrains, soit pour les mélanger préalablement avec de la poussière de plâtre, afin d'ajouter les sels de chaux que le plâtre contient, aux autres agents de la végétation générale contenus dans les écorces.

Le marron d'Inde, entre autres, contient beaucoup de carbone, de résine et des alcalins en grande quantité; son amertume en fait un excellent insecticide, et ses qualités farineuses, carboniques et alcalines en font également un engrais reconstitutif de bonne qualité. Le marron d'Inde est en même temps fébrifuge, ce qui le rend propre à la guérison ou au moins au soulagement des maladies d'estomac et de poitrine.

Le mélange des poussières de marrons d'Inde avec celles d'écorces d'arbres qui contiennent en très-grande quantité le tan ou tannin, lequel constitue une des plus grandes qualités conservatrices et fortifiantes du vin, représentera le plus énergique engrais insecticide et reconstitutif de la vigne en y mélangeant environ 20 à 25 pour cent de poussière de plâtre.

Le plâtre.

Le plâtre a été employé sans succès jusqu'ici contre le phylloxéra, voici pourquoi :

Il y a deux espèces nombreuses d'insectes nuisibles à l'agriculture.

1° Les insectes qui n'ont pas d'ailes et qui par conséquent mangent et détruisent seulement ;

2° Les insectes ailés qui détruisent d'abord comme les autres, puis, corrompent ensuite les plantes qu'ils adoptent au moyen des venins qu'ils leur inoculent par leurs pattes qui en sont saturées quand ils se sont posés sur les cadavres d'animaux en décomposition.

Les insectes nuisibles-corrupteurs sont beaucoup plus voraces que les autres, parce qu'ils prennent des forces au grand air et sont par conséquent beaucoup plus difficiles à détruire que les insectes sédentaires.

Voilà pourquoi le plâtre est et a toujours été un engrais insecticide excellent contre les insectes nuisibles-anodins qui dévorent les herbes et leurs racines, ainsi que les racines et feuilles de toutes les espèces de légumineuses, tout en ayant été constamment impuissant contre les races venimeuses comme le phylloxéra, ainsi que contre les insectes nuisibles et corrupteurs qui donnent le charbon et font pousser des champignons microscopiques et morbifiques sur la plupart de nos céréales.

Le plâtre ayant admirablement réussi contre les insectes nuisibles mais anodins, on s'est hâté de l'employer contre le phylloxéra et l'on a échoué, parce que les sels de chaux que contient le plâtre sont insuffisants lorsqu'ils sont seuls, pour attaquer un insecte aussi vigoureux et aussi venimeux que le phylloxéra. — Cela ne veut donc pas dire qu'il faut se priver des sels de chaux du plâtre dans les batailles à livrer contre l'insecte américain ; non, car ces sels nous seront fort utiles, mais il faut les soutenir en les combinant avec ceux de la chaux vive, puis avec les énergiques éléments insecticides et reconstitutifs des forces vitales de la vigne, que contiennent entre autres les écorces saturées de tannin et les marrons d'Inde avec leurs riches substances amères.

Le mélange de la poussière des marrons d'Inde secs avec celle des écorces d'arbres, produit un heureux effet par l'augmentation des mêmes amers que ceux formés en général par les terrains à base calcaire de presque tous nos vignobles ; en plus, le tan ou tannin qui représente l'un des plus précieux principes chimiques de la composition des vins, est un excellent et énergique auxiliaire pour combattre l'ennemi qui rend nos vignes malades. La guérison par les semblables qui est une conséquence des lois créatrices de la nature vient donc s'appliquer ici dans toute sa pureté.

Composition.

Poussières d'écorces mélangées, autant que possible employer avec celles du chêne, noyer et sapin ou pin, trois huitièmes.

Poussières de marrons d'Inde et enveloppes séchées de noix, deux huitièmes.

Poussières de plâtre d'engrais, trois huitièmes.

Saupoudrer dans les vignes et principalement autour des ceps du dix à fin mars suivant les zones et la précocité des saisons ; proportionner les quantités à la nature des terrains ainsi qu'à l'avancement de l'affaiblissement des ceps.

Nota. — *Éviter l'écorce des arbres morts sur pied.*

*
* *

La destruction complète du phylloxéra de la vigne, qui est un insecte nuisible absolument étranger à nos climats, doit se faire et se fera :

1° Par la cessation absolue de la destruction des petits oiseaux et de leurs nids, œufs et petits dans toute la France.

2° Par la culture et le traitement économique de nos vignobles au moyen des engrais amers-insecticides à bon marché, *(décomposés et rendus à la végétation au moyen de la chaux ou de ses dérivés)* que la nature fournit partout à l'homme dans des proportions de beaucoup supérieures aux besoins de toute l'agriculture.

Pour l'emploi de chacun des engrais amers qu'une contrée possède il faut nécessairement une étude comme en toute chose ; il est certain que chacun d'entre eux sera plus ou moins actif dans une zone que dans une autre. En l'absence d'un ou de deux des divers engrais amers indiqués par nous comme étant à la portée des cultivateurs dans beaucoup de vignobles, il en existe d'autres qui les remplaceront, mais il faut les étudier et les chercher sur place parce que la nature ne donne que très-peu de chose à l'homme sans travail.

Traitement supplémentaire pour les ceps atteints depuis deux ans et plus.

L'élément le plus vital, et, par conséquent, le plus sanitaire que le cep de vigne retire au printemps de la terre au moyen de toutes ses trompes suceuses appelées ses racines et radicelles, est incontestablement le carbone d'abord, puis les sulfures ainsi que les différents sels de chaux et autres ; il est hors de doute que ces substances transformées en sucs et sèves par les radicelles des vignes sont les principales que le phylloxéra suce et extrait des ceps sous la forme végétale.

La plupart des maux dont souffrent les individus des trois règnes de la nature ainsi que les besoins qu'ils ressentent sont généralement guéris et satisfaits au moyen d'agents de même nature, c'est-à-dire semblables à ceux qui déterminent ces maux ou causent ces besoins ; la guérison par les semblables intelligemment appliquée est donc une loi basique de la santé universelle.

1° La nourriture et la boisson représentent en réalité la guérison par les semblables de chacun des besoins nutritifs du corps de tous les êtres qui respirent ; c'est-à-dire que la nourriture des hommes et des animaux vient remplacer jour par jour les matières, gaz et substances dépensés par chacun des fils de la nature, au moyen du feu de sa vie journalière.

2° Si l'homme consommait en un petit volume sous la forme de sel ou d'acide, tout l'esprit des substances chimiques contenues dans ses aliments et boissons qu'il absorbe pendant vingt jours de santé, cet homme en serait foudroyé instantanément quelle que soit sa force. Eh bien, cet effet est exactement celui qui est produit sur le phylloxéra par les engrais insecticides que nous conseillons et dont nous allons compléter l'énoncé partiel.

Exemple. Le soufrage des vignes détruit l'insecte de la maladie de la vigne appelée l'oïdium ;

cet insecte consomme par le soufrage de la vigne plus de soufre en quelques secondes qu'il n'en vient extraire et consommer habituellement dans les vignobles pendant quinze jours consécutifs, voilà pourquoi il en est foudroyé. Le soufre tue l'insecte de l'oïdium et fortifie du même coup la vigne par une substance qu'elle retire habituellement de la terre et de l'air.

De par la même loi des semblables, le viticulteur peut et doit détruire tous les phylloxéras de ses vignobles et fortifier ses vignes du même coup.

*
* *

Toutes les plantes étant saturées de carbone, de soufre, de chaux, ainsi que de leurs dérivés, c'est donc à elles qu'il faut s'adresser d'abord. Puis, il faut les faire seconder autant que possible par les éléments minéraux correspondant à leur constitution chimique et gazeuse.

Composition d'un excellent engrais amer, insecticide et reconstitutif.

Acquérir et ramasser les feuilles sèches des bois et jardins, les herbes sèches que les bestiaux ne mangent pas, mélanger le tout avec une quantité égale de foin et sainfoin de grenier ; — réduire toutes ces herbes en une poussière grossière que l'on renferme dans des sacs ou de grands coffres.

Composer un liquide avec les éléments suivants :

Prendre quatre kilogrammes de goudron, les faire dissoudre à froid avec quatre kilogrammes d'ammoniaque, dans un vase ou une marmite pouvant contenir 20 à 30 litres de liquide. Ne pas oublier de faire opérer la dissolution sous une cheminée, car le dégagement ammoniacal pourrait faire beaucoup de mal à l'opérateur.

Il faut tourner les matières en dissolution avec une lame quelconque et de temps en temps, en y ajoutant ce qu'il faut d'eau et très-peu d'alcool s'il y a lieu, pour activer l'opération. — Il ne faut pas craindre un peu de résidu qui restera sûrement au fond ; puis, mélanger peu à peu la dissolution avec dix litres d'eau du baquet d'un forgeron ou d'un serrurier, en tournant constamment afin que le mélange se fasse le mieux possible, et dans une chambre chauffée à 20 degrés environ.

Cette solution doit s'opérer dans l'espace environ de deux à trois heures de temps si les produits sont sains. — Il sera prudent pour la première fois de faire diriger ces opérations par le pharmacien du canton.

Ensuite, remplir à moitié environ une cuve qui sert aux vendanges (*contenant environ deux hectolitres*), avec des feuilles, foin et herbes réduits en grosse poussière, la moitié de cette cuve représentera environ 50 à 60 litres si les poussières étaient bien tassées ; puis, mélanger le liquide ci-dessus avec ces soixante litres environ de poussières ou hachures de végétaux, afin d'en faire une pâtée que l'on éclaircira ensuite avec de la même eau jusqu'à ce qu'elle soit suffisamment coulante ; on obtiendra ainsi environ 90 à 100 litres d'une pâtée un peu liquide qui servira à arroser utilement environ 300 ceps de vignes malades.

Afin de rendre le traitement des ceps malades encore plus actif, nous conseillons pour ceux qui auront souffert davantage, de saupoudrer d'abord environ une once de fleur de soufre à 25 centimètres de rayon à peu près autour de chaque cep, puis, arroser la pâtée par-dessus. Ce que l'homme ne peut faire la nature le fera ; c'est-à-dire que le soufre se décomposera absolument comme le reste de l'engrais en pâtée et sera entièrement et végétalement absorbé par la terre et les ceps de vigne.

Le traitement des vignobles par n'importe quel engrais amer et insecticide ne doit nullement arrêter le travail ordinaire des vignes.

Ce dernier traitement, combiné au mois de mars avec celui des engrais insecticides qui se répandent sur le reste du terrain des vignes, rendra la santé complète aux ceps malades par la destruction du phylloxéra, tout en augmentant notablement chacun des sels nutritifs de la végétation naturelle.

Ce traitement bienfaisant ne coûtera en réalité que très-peu de temps et de dépenses.

Néanmoins, sans le secours des petits oiseaux, une vigne bien soignée et qui serait réellement débarrassée de ses phylloxéras pourrait très-bien se voir réinfester à nouveau par les vignobles des propriétés voisines qui seraient peu ou mal soignés par des propriétaires plus indifférents. — Tandis qu'avec le concours des oiseaux, les réinfestions seront difficiles et surtout impuissantes, pour devenir peu à peu impossibles.

De plus, les vignes soignées et cultivées à l'aide des auxiliaires naturels ci-dessus décrits, acquerront une force organique qui leur permettra de résister considérablement mieux que par le passé aux gelées d'avril et de mai, ainsi qu'aux coulages de juin.

Autre engrais insecticide amer et reconstitutif.

Nous allons indiquer encore quelques engrais insecticides et reconstitutifs des vignes ; ces engrais sont également à très-bon marché et à la portée des propriétaires de vignes et vignerons de tous les pays.

Le nouvel engrais que nous indiquons réside dans les sarments que les vignerons brûlent tous les hivers pour faire l'eau-de-vie ou se chauffer.

Aussitôt coupés fin février, les sarments devraient être hachés, broyés, enfin réduits en très-petits morceaux au moyen d'une machine à lames, facile et très-peu coûteuse à établir.

Puis, afin d'augmenter les forces végétales et insecticides contenues dans les sarments de vigne hachés, c'est-à-dire pulvérisés avec une machine à pulvériser les bois en branches sèches et écorces, il faut les faire macérer quinze jours à l'abri de la température dans des cuves à vendanges avec de l'eau de baquet de serruriers et de forgerons, en y ajoutant :

1° Trois litres de cendre en poudre à répandre dans le fond de la cuve (1) ;

2° Quelques vieux morceaux de fer pour augmenter le ferrage de l'eau ;

3° Environ quinze kilos de chaux vive ou éteinte par hectolitre suivant les terrains.

Puis, répandre les sarments macérés avec leur eau autour des ceps à cinquante centimètres de rayon et plus, après avoir ajouté vingt litres par hectolitre de poussière d'herbes, foins et feuilles sèches afin d'épaissir suffisamment l'engrais.

De même que les autres que nous prenons la liberté de conseiller, cet engrais au moyen des sarments de la vigne a pour principe le traitement par les semblables.

Autre engrais insecticide et reconstitutif.

En principe, l'engrais est à la terre en général et à la vigne en particulier ce que la

---

(1) Les cendres, en général, sont bonnes pour la vigne lorsqu'elles sont mélangées avec de la chaux, mais les cendres de bois, qui sont très-riches en potasse, sont extrêmement bienfaisantes pour les vignes de côte et les autres terres maigres.

nourriture est au travailleur laborieux. — La Nature exige que l'on nourrisse la terre de la partie de ses propres produits qui ne sont pas directement utiles à l'homme, de même qu'elle oblige le travailleur de réparer ses forces en consommant en nourriture une partie de la valeur de ce qu'il produit par son travail.

Ce grand principe naturel et réparateur *(qui n'a pour ainsi dire jamais été appliqué avec suite dans nos vignobles)* explique clairement pourquoi nos vignes ont toujours si mal résisté à toutes les maladies que les insectes nuisibles de diverses races lui ont successivement inoculées, entre autres, *la pyrale*, *l'écrivain*, *l'oïdium*, etc., et pourquoi le phylloxéra a pu commettre impunément jusqu'ici d'aussi grands ravages.

En l'absence d'instructions savantes, lorsque de temps en temps quelques propriétaires se décident à recourir aux engrais, ils emploient généralement des fumiers et des tourteaux de colza. — Ces engrais ont deux inconvénients :

1° Ils ne sont pas insecticides :

2° Ils augmentent la quantité, mais en diminuant à peu près d'autant la qualité, en résumé résultat à peu près nul.

Il en serait tout autrement si l'on excluait le fumier comme indigne du vin et si l'on joignait aux tourteaux de colza les marcs de raisins et les sarments hachés, vigoureusement mélangés de chaux vive, de terre de pré et de craie, après avoir préalablement fait éteindre la chaux vive, en la mélangeant avec la terre de pré et un peu d'eau.

Cet engrais d'un emploi général serait insecticide et fortifiant à la fois, il augmenterait les quantités sans nuire aux qualités et donnerait à nos vignes une vigueur et une santé qui les feraient résister beaucoup mieux qu'elles ne l'ont fait jusqu'ici aux invasions des insectes nuisibles, ainsi qu'aux inconvénients de la température.

Autre engrais insecticide et reconstitutif

1° La chaux ayant servi à l'épuration du gaz à fournir par toutes les usines à gaz de France représente annuellement un volume assezconsidérable pour détruire le phylloxéra dans toutes les vignes de notre pays atteintes par cet insecte nuisible.

Après être séchée et abritée quatre semaines sur un chemin ou dans une cour, la chaux ayant servi à épurer le gaz est excellente à employer comme engrais insecticide reconstitutif. En cet état, cette chaux contient et donnera à la terre des vignes dix fois plus de carbone, sulfite, soufre, magnésie, ammoniaque, phosphore, etc., que les remèdes spéciaux que l'on conseille en ce moment, et de plus coûtera dix fois moins cher.

2° La sciure de bois contient des éléments amers éminemment insecticides et reconstitutifs; et la preuve, c'est que l'on fabrique des vinaigres et des esprits avec les bois de nos forêts.

Composition : — Mélanger, autant que possible par moitié, de la sciure des bois indiqués, ou, à leur défaut, la poussière d'autres bois durs avec un poids égal de chaux ayant servi à l'épuration du gaz; — après le sèchement indiqué, mélanger le tout avec vingt pour cent d'eau de baquet de forgeron ou de serrurier, oxydée encore par de vieux morceaux de fer et un peu de vinaigre. Répandre cet engrais dans les vignes vers la fin du mois de janvier ou pendant la première quinzaine de février, c'est-à-dire que cet engrais doit être absorbé par la terre pendant l'arrêt de la végétation.

Cet engrais aura une action considérable contre le phylloxéra; il donnera aux plantes une alimentation vigoureuse et directe par le carbone, le fer et le soufre qu'il renferme en grande quantité; il favorisera la décomposition des matières organiques provenant de la récolte précédente restées ou rapportées sur le sol, ainsi que leur transformation en matières nutritives pour la vigne.

En outre, cet engrais de premier ordre ne coûtera presque rien, car, les usines à gaz jettent le plus souvent dehors la chaux ayant servi à épurer le gaz, ou la vendent 1 et 2 francs le mètre cube pour engrais ordinaire.

Composition de la chaux ayant servi à l'épuration du gaz après séchage.

Oxyde de fer, argile et traces d'acides phosphoriques.	7,24
Sulfate de chaux	2,49
Sulfite de chaux	4,64
Carbonate de chaux	15,19
Chaux caustique.	49,40
Magnésie et ammoniaque	18,23
Parties siliceuses insolubles	2,53
Perte.	28
Total	100,00

La sciure des bois est non moins riche en éléments insecticides et reconstitutifs. Elle contient en moyenne et au minimum 35 pour cent de carbone dans les bois blancs et 50 pour cent dans les bois durs ; la sciure des sapins est en outre saturée de résines, goudrons et créosotes, substances qui sont toutes précieuses pour la vigne.

Notre correspondance au sujet de la première édition de ce mémoire.

Beaucoup de lettres nous ont été adressées de toutes les parties de la France au sujet du projet de loi sur la chasse contenu dans la première édition de notre Mémoire sur la destruction du phylloxéra. Ces lettres approuvent en général notre projet de loi ; néanmoins, beaucoup d'entre elles nous ont fait sur plusieurs tons une seule et même observation qui se résume ainsi : — *Les chasseurs au fusil surveillent les braconniers et brisent du pied une foule de lacets et d'embûches tendues aux petits oiseaux dans les haies, les bois, les prés, les champs, etc.* — Ces justes observations nous ont convaincu de l'urgence d'une modification que nous apportons plus loin dans le libellé de l'article 2 de notre projet de loi sur la chasse.

Appréciant la sagesse de l'opinion de nos correspondants nous sommes arrivés à conclure que la prohibition de l'emploi des petits plombs devait protéger davantage les mélodieux défenseurs de nos récoltes qu'une année intermittente de prohibition absolue.

Notre correspondance relative aux engrais insecticides et reconstitutifs est beaucoup plus considérable que celle relative aux oiseaux. — Les lettres reçues à ce dernier sujet constatent que les vignobles français sont délabrés, elles reconnaissent par conséquent l'urgence de les reconstituer au moyen des engrais végétaux décomposés et activés par la chaux et ses dérivés tels que nous le conseillons. — Nos correspondants reconnaissent en outre que, les efforts seront isolés et partant impuissants, si les vignerons ne sont pas assistés par des associations communales, en les faisant participer proportionnellement bien entendu aux cotisations suivant les parts d'engrais insecticide qu'ils auront reçus.

Nous reproduisons ci-après la plus complète des lettres que nous avons reçues à ce sujet si intéressant, avec la réponse que nous avons eu l'honneur de faire à l'intelligent viticulteur qui nous a fait part de ses impressions.

Monsieur Mazaroz, 94, boulevard Richard-Lenoir, Paris.

La Croix-Blanche, par Saint-Sorlin (Saône-et-Loire).

26 février 1879.

Monsieur,

Un de mes bons amis, M. C...., rue Meslay, à Paris, jurassien comme vous, m'a fait parvenir votre mémoire sur le phylloxéra. — J'ai lu ce mémoire avec grand plaisir et je viens, monsieur, vous remercier sincèrement de ce travail excessivement intéressant, que je vous prie de vouloir bien faire remettre à la Société des agriculteurs de France, rue Lepelletier, 1, dont je suis membre fondateur, et où l'on s'occupe activement de cette question palpitante du phylloxéra.

En principe, vous avez parfaitement raison pour ce qui touche aux oiseaux et il y a longtemps qu'on aurait dû faire une loi extrêmement sévère pour la conservation de ces chers petits volatiles, qui sont les véritables protecteurs de l'agriculture. — Mais l'homme est tellement imprévoyant que, lors de la guerre de Crimée, les soldats anglais brûlaient à Balaclava les planches de leurs baraques pour se chauffer pendant quelques instants, sans songer qu'ils gèleraient de froid après. — De même, l'homme mange les oiseaux qui sont les défenseurs de son garde-manger.

Mais puisque le phylloxéra ne peut être détruit

par les oiseaux, puisque ces intéressants petits chasseurs d'insectes sont détruits, eux, par d'autres chasseurs, il faut donc lutter contre l'envahissement du fléau destructeur par d'autres moyens, et vous préconisez à juste titre les *engrais reconstitutifs et insecticides*, de manière à donner satisfaction aux deux opinions en présence :

Les uns disent que les vignes sont malades, anémiques, phthisiques, qu'elles engendrent naturellement le phylloxéra comme un corps malade engendre la vermine et qu'il faut leur donner une nouvelle vie....

Les autres disent que le phylloxéra est un parasite se nourissant au contraire et de préférence aux dépens des vignes bien portantes....

Et puis arrivent les empiriques, cherchant à spéculer sur un malheur public en préconisant leurs drogues...

Vous êtes personnellement dans le vrai en traitant tout à la fois le corps malade et l'insecte qui le dévore, en reconstituant l'un et en tuant l'autre.

Seulement, je vous demande, monsieur, la permission de vous soumettre une objection capitale, c'est que les moyens que vous indiquez ne sont pas assez *pratiques* pour nos vignerons :

1° Parce que les poussières de marrons d'Inde et les enveloppes sèches de noix n'existent pas en assez grande quantité ;

2° Parce que les poussières d'écorces mélangées ne peuvent s'obtenir dans les pays vignobles où il y a peu de bois, en plus, ces écorces se vendent cher pour la tannerie ;

3° Parce que les herbes sèches sont bien utilisées, mais en petite quantité;

4° Parce que les compositions *liquides*, les décoctions, infusions, etc., ne peuvent être faites avec soin et que ce serait un travail trop long, trop ennuyeux, trop coûteux;

5° Enfin parce qu'avant tout, il faut compter avec l'insouciance, l'égoïsme, l'ignorance et la mauvaise volonté de nos vignerons qui nous disent: « *Donnez-nous un engrais tout prêt, oui, nous allons l'en-* » *terrer en piochant, mais s'il faut faire la cuisine pour la* » *vigne, ça n'est pas possible.* »

Donc, Monsieur, ce qu'il faudrait ce serait un ENGRAIS-INSECTICIDE TOUT PRÊT et sous une forme dont l'emploi serait très-facile.

Ainsi, par exemple, il faudrait du *plâtre* que vous reconnaissez être un *insecticide excellent contre les insectes nuisibles anodins*, auquel on mélangerait des *substances en poudre* contenant, comme vous le dites, des *éléments insecticides assez énergiques* pour la destruction des ravageurs de la vigne: *pyrale*, *oïdium*, *gribouri*, *écrivain*, *phylloxéra* et tant d'autres (1).

Reste à savoir quels seraient ces *insecticides assez énergiques*, lesquels, additionnés au plâtre qui leur servirait de base et de véhicule, constitueraient l'*engrais-insecticide* par excellence.

Vous dites: *tan ou tannin* — *engrais amers* — *fer* —

(1) Le plâtre est au moins autant, sinon plus, insecticide que reconstituant. *Note de l'auteur.*

soufre — *goudron* — *pétrole* — *bitume* — *etc.* — Eh bien, monsieur, pourquoi dame Chimie ne vous donnerait-elle pas la composition toute prête de l'une ou de plusieurs de ces substances à mélanger avec le *plâtre* pour obtenir, d'un seul coup et sous une forme simple, un *engrais-reconstitutif-insecticide* dont l'emploi serait excessivement facile puisqu'il suffirait de le mettre en telle quantité au pied de chaque cep.

Si ce n'est pas abuser de votre bonne obligeance, je vous prie, monsieur, de vouloir bien me répondre sur ce point important et me dire si vous pensez que mon idée puisse recevoir son application sous la forme que j'indique, sauf à vous à indiquer les substances que vous considérez comme les plus propres au but à atteindre et la proportion de chacune de ces substances.

Soyez donc assez bon pour me répondre. — Nous avons ici, sous la main, du *plâtre* en quantité et à bon marché ; resterait l'addition des substances à y adjoindre. — Et j'ajoute que nous ne sommes pas encore phylloxérés, heureusement, mais que nous cherchons, si possible, les moyens préservatifs pour nous garantir du fléau,

Encore une fois, merci de votre intéressant travail que vous pouvez compléter et résumer, je crois, sans difficulté par la solution de ma proposition.

Veuillez agréer, Monsieur, l'assurance de mes sentiments les plus distingués.

PRÉAUD.

Vous, qui êtes à la source de la science, est-ce que vous ne pourriez pas obtenir d'un chimiste une combinaison du *sulfure de carbone* avec le *plâtre?* ce serait là une solution complète du problème. — Plâtre *reconstituant* sulfure de carbone *insecticide*

Notre réponse :

Paris, le 28 février 1879.

Monsieur Préaud, propriétaire à la Croix-Blanche, par Saint-Sorlin, Saône-et-Loire.

Je reçois de toutes parts des lettres à peu près identiques en esprit à la vôtre. Voici ma réponse générale.

1° En principe, la destruction du phylloxéra étant une chose d'intérêt public, il faut que les conseils municipaux fassent préparer les engrais insecticides et reconstitutifs, les fassent transporter dans les vignes en les comptant au prix de revient aux vignerons et propriétaires ; ce prix de revient sera presque nul, cela étant fait en grand.

2° Si le traitement de nos vignobles ne se fait pas ainsi, les vignes qui ne seront pas traitées réinfesteront l'année suivante celles qui auront été débarrassées du fléau par les engrais insecticides et reconstitutifs.

3° En général, on demande trop à la vigne et on ne lui rend presque rien, nos vignes sont donc faibles de constitution dans presque toute la France et par conséquent hors d'état de résister aux attaques collectives de n'importe quels insectes venimeux.

4° Cet état est le vrai, mais les vignes les plus fortes sont plus malades que les plus maigres, par la loi naturelle qui exige que, plus un homme a un fort tempérament, plus une grosse maladie doit produire d'effet sur lui, mais cette loi naturelle n'empêche pas la vérité absolue de l'opinion suivante :

La faiblesse générale de nos vignes a considérablement facilité le rapide développement du pylloxéra.

5° Les engrais insecticides coûteront peu en évitant les transports, c'est-à-dire en les prenant sur place autant que possible ; en plus, ils augmenteront de un quart à moitié en moyenne le rendement des vignes.

6° Toutes les substances naturelles que j'indique donnent sans danger à la vigne dix fois plus de carbone que vous ne pourriez lui en donner à l'état de sulfure sans brûler vos ceps, la sciure des bois durs par exemple en contient 50 pour cent.

7° Les résumés chimiques sont pour les engrais à la terre, ce que le résumé chimique de tout ce que mange un homme dans un jour serait pour son corps, s'il l'avalait sous la forme d'une boulette en pensant se nourrir par ce moyen. En somme les résumés chimiques coûtent trop cher et sont absolument impuissants contre le phylloxéra à cause de leur petit volume.

Pour être absolument victorieux, il faut que les engrais insecticides couvrent entièrement la terre, la chimie factice ne peut donc rien contre le phylloxéra, c'est la chimie naturelle à laquelle il faut avoir recours.

Voici la composition d'un excellent engrais insecticide et reconstitutif qui peut se faire partout :

Sarments de vignes et écorces pulvérisés réunis avec sciures de bois durs ou sapins, foin en grosse poussière, ou pulvérisation de végétaux quelconques, etc.	45
Terre de pré.	20
Plâtre.	15
Chaux vive	20
Total.	100

En l'absence de chaux ayant servi à épurer le gaz, faire éteindre de la chaux vive dans la terre de pré et le plâtre, puis mélanger en mettant autant d'eau (*ne pas oublier de ferrer l'eau avec de vieux morceaux de fer*) qu'il en faut pour rendre l'engrais malléable, il faut faire cela dans de grands trous où il y a eu des pièces d'eau ou récipients semblables, en les couvrant pour les garantir de la pluie ou de la neige et remuer avec les grandes pelles coudées au moyen desquelles on remue la chaux, laisser macérer, puis transporter dans les vignes au moyen de tombereaux et brouettes.

Il est bien entendu que tous les autres agents indiqués et beaucoup que je n'indique pas peuvent faire également d'excellents engrais, en obtenant à peu près les mêmes proportions naturelles de reconstituants et de dissolvants que ceux contenus dans l'engrais ci-dessus.

Il ne faut pas oublier que la chaux décompose dans quinze jours environ tous les végétaux pulvérisés, les rend immédiatement propres à la végétation et en fait de suite des matières nutritives pour la vigne.

S'il vous était plus commode de saupoudrer les végétaux pulvérisés sur le sol des vignes et mettre la chaux éteinte dans du plâtre et de la terre de pré par-dessus, la désorganisation des végétaux pulvérisés pourrait très-bien se faire peu à peu sur place avec l'aide des *pluies et giboulées* de mars.

Il va de soi que l'on doit employer les matières végétales indiquées qui sont le plus à la portée des localités vignobles.

Il faut bien noter aussi que des terrains demanderont 25, 30 et jusqu'à 35 pour cent de chaux éteinte, tandis que pour d'autres 15 pour cent de chaux vive et 15 pour cent de plâtre suffiront.

Doublez le plâtre puisque vous en avez beaucoup, en activant son effet avec des cendres de bois, mais ne descendez jamais à moins du quart de l'engrais à employer pour la part des éléments végétaux. En opérant collectivement dans les communes, les engrais dont nous parlons coûteront de 10 à 20 pour cent par cep et feront rapporter les vignes dans une proportion supérieure à la dépense. Il y a donc bénéfice réel pour les vignerons de se débarrasser du phylloxéra par ce moyen :

1° Je pense que vous voyez les engrais amers se faisant avec la même facilité que la chaux à bâtir.

2° Si vous n'avez pas encore de phylloxéra vous pouvez diminuer beaucoup la quantité de chaux et augmenter le plâtre. — Si vous aviez les petits oiseaux en assez grande quantité, le plâtre sans chaux suffirait pour engraisser et vous préserver des phylloxéras.

3° Le sulfure, résumé chimique ne peut s'allier au plâtre qui s'emploie par tombereaux, tandis que, si l'on quittait la proportion homéopathique pour le sulfure, on dépenserait de suite plus que ne vaut la vigne.

Voici comme justification un extrait du remarquable rapport que M. Catta a fait le 12 août 1878 au comité de vigilance de Dijon en qualité de délégué de la Compagnie Paris-Lyon-Méditerranée pour la destruction du phylloxéra.

Après avoir constaté qu'au préalable il a fait arracher puis brûler les ceps et les paisseaux des vignes du jardin botanique de Dijon et de Meursault, afin de pouvoir soumettre leurs terrains à un traitement suffisant par le sulfure de carbonne:

« L'ingénieur délégué de la Compagnie Paris-Lyon-Méditerranée fait observer ceci : *J'ai donc cru devoir faire recouvrir immédiatement la butte par des chaux ayant servi à l'épuration, que l'usine à gaz a pu fournir, ainsi que par les résidus de sulfate de chaux livrés par la fabrique de bougies de M. Royer. Ces matières ont été répandues en couches de 3 ou 4 centimètres et fortement tassées sur toute l'étendue occupée primitivement par les vignes de la collection*, etc.

M. Catta continue plus loin :

» *A chaque mètre carré de trous, correspond d'après cette distribution une dose de 72 grammes de sulfure. La même opération étant répétée quatre jours après suivant le principe des traitements réitérés, la dose totale se trouve portée à 144 grammes par mètre carré.*

Puis, M. Catta se hâte d'ajouter : *Pour comprendre toute l'énergie de cette application, il faut savoir que dans des conditions ordinaires, alors que l'on veut détruire les parasites sans compromettre la vigne nous n'employons jamais plus de 32 grammes par mètre carré!* »

Extrait du *Rapport sur l'invasion du phylloxéra* dans la Côte-d'Or par C. Ladrey, G. Masson, éditeur à Paris.

De cette constatation officielle il résulte que :

1° Si 32 grammes de sulfure avaient suffi pour détruire les phylloxéras de chaque mètre carré de vigne, M. Catta n'en aurait pas employé 144 après avoir brûlé les paisseaux et les ceps, étant encore obligé d'aider ses opérations avec une couche générale de chaux ayant servi à l'épuration du gaz. — Selon moi, la couche de chaux et de sulfate de chaux ont beaucoup plus fait contre les phylloxéras que les 144 grammes de sulfure.

2° Vendus en gros, 144 grammes de sulfure de carbone épuré valent 90 centimes, non épuré ils valent 50 centimes, la moyenne de ces prix est égale à la valeur moyenne de chacun des mètres carrés de toutes les vignes de France.

Je prends la liberté de vous demander, Monsieur, où est l'économie pour l'emploi d'un traitement qui n'engraisse pas la vigne, qui ne détruit les phylloxéras d'un terrain que d'une façon très-incomplète et avec l'aide d'une forte couche de chaux et de sulfate de chaux qui ont ensemble cinq fois autant de puissance contre les phylloxéras que le sulfure de carbone à haute dose.

3° Être obligé de couper et brûler les ceps d'une vigne pour rendre efficace un traitement spécial, représente exactement l'obligation de tuer un homme pour le guérir du choléra ou de toute autre maladie.

L'esprit d'ensemble de toutes mes correspondances reçues jusqu'à ce jour me fait ajouter un article supplémentaire au projet de loi dont je conseille l'adoption, à propos des devoirs des conseils municipaux relativement à la destruction du phylloxéra et à la reconstitution de la force végétale de nos vignes. Vous trouverez cet article dans la deuxième édition revue et corrigée de mon mémoire, que j'aurai l'honneur de vous envoyer.

J'espère, Monsieur, que vous êtes fixé sur la valeur réelle des remèdes spéciaux, en général, et sur celle du sulfure de carbone en particulier.

Veuillez agréer, Monsieur, mes salutations distinguées.

P. MAZAROZ.

P. S. — Puisque vos vignobles ne sont pas encor atteints par le phylloxéra, le plâtre que vous possédez en grande quantité, uni le plus possible avec des cendres de bois qui enrichiront vos vignes de potasse, soude et autres alcalins, vous constitueront un bon engrais préservatif et reconstitutif; surtout si vous y mélangez tous les végétaux que vous aurez sous la main après les avoir pulvérisés, marrons d'Inde, enveloppes de noix, herbes et feuillages secs, paille ayant servi de litière ou d'emballage, etc., etc., etc.

Recueillez donc, avec soin, toutes les cendres de bois et de végétaux pour vos vignes en vous souvenant bien que le savant Mathieu de Dombasle, a dit : L'ACTION DES CENDRES LESSIVÉES SUR UN TERRAIN EST ANALOGUE A CELLE DE LA CHAUX.

Instruction complémentaire en réponse à nos correspondances.

Nos correspondances donnent à entendre avec raison que, la plupart des remèdes spéciaux présentés pour détruire le phylloxéra représentent des spéculations qui sont d'autant plus regrettables qu'elles ont pour résultat de désespérer les populations en leur faisant croire à l'impossibilité de se débarrasser de l'ennemi de leurs récoltes, aussi le correspondant que nous désignons appelle en général ces spéculateurs du nom sévère d'empiriques.

Voici le jugement exact qu'il faut porter sur tous ces remèdes :

1° A petites doses ils ne servent à rien qu'à faire gagner de l'argent à ceux qui les vendent et à en faire perdre à ceux qui les achètent.

2° A doses suffisantes ils brûleraient les ceps de vigne et coûteraient beaucoup plus cher que les vignes ne valent à les acheter en toute propriété.

De même que la plupart des poisons peuvent faire mourir plus ou moins vite un homme qui en prend suffisamment, tous les produits chimiques violents, sans distinction, peuvent tuer les phylloxéras que ces produits chimiques atteindront; mais pour arriver à un résultat général il faudrait absolument couvrir entièrement la terre d'une vigne, comme l'ingénieur Catta l'a fait au jardin botanique de Dijon, en employant pour cela de la chaux ayant servi à l'épuration du gaz, des sulfates de chaux, ou de la chaux vive mélangée avec du plâtre. Or, en couvrant un mètre carré de vigne du produit chimique le meilleur marché, on dépenserait dix fois, et plus, la valeur du sol.

Pour détruire les phylloxéras et engraisser les terres du même coup, nous répéterons sans cesse qu'il faut couvrir entièrement les terres d'engrais insecticides à bon marché, formés avec des végétaux pulvérisés, désorganisés et rendus à la végétation au moyen d'agents actifs quelconques choisis parmi ceux qui contiennent les éléments chimiques utiles à la végétation générale. Ces agents actifs doivent être mélangés suivant la nature des sols en choisissant ceux qui sont le plus à la portée des localités où ils doivent être employés.

Nous indiquons la plupart des agents actifs propres à être mélangés aux pulvérisations végétales, pour constituer à plusieurs degrés de force d'excellents engrais insecticides et reconstitutifs à bon marché; néanmoins, une explication sur les boues et détritus de pétrole nous paraît nécessaire.

Tout le pétrole que l'on brûle dans le monde représente à peu près le quart de la masse des boues et détritus de toutes sortes qui se dégagent des puits de pétrole et qui forment en quelque sorte un espèce de délivre ou enveloppe protectrice à l'huile qu'on en extrait pour la livrer ensuite au commerce. Ces boues et détritus couvrent peu à peu des kilomètres de terrains autour des puits et autres exploitations du pétrole, en Amérique et ailleurs. Dans les premiers temps de leur sortie des puits, ces boues et détritus représentent un véritable danger pour le pays où ils se trouvent, car la moindre imprudence peut les enflammer.

Tous ces détritus n'ont aucune valeur et représentent simplement un embarras dangereux pour les extracteurs d'huile de pétrole, ils pourraient donc être acquis avantageusement, puis transportés en France à l'état de lest et arriver à très-bas prix dans la plus grande partie de nos vignobles de l'Ouest et du Midi; mélangés aux substances végétales pulvérisées que nous indiquons, les boues et détritus de pétrole posséderaient les meilleures qualités chimiques pour servir d'agents actifs aux engrais insecticides et reconstitutifs, avec ou sans la collaboration du plâtre et de la chaux vive ou éteinte, collaboration qui aurait lieu ou non suivant les besoins du sol et ceux des ceps de vigne.

La pratique.

Notre correspondant répète dans sa lettre, un bruit général qui répand la terreur parmi les propriétaires ruraux; en effet, le bruit général dont notre correspondant se fait l'écho apprend aux vignerons et cultivateurs que leurs vignes sont anémiques, puis que leurs champs sont extrêmement fatigués, le tout parce que le laboureur et le vigneron demandent toujours et beaucoup à leurs vignes et à leurs champs sans presque jamais rien leur rendre; cette situation générale vaut bien la peine que l'on y songe, car, en résumé, elle contient la famine intermittente en perspective pour l'avenir.

En un mot, et pour entrer résolûment dans la pratique, il faut que les conseils municipaux de France forment des commissions agricoles pour apprendre aux cultivateurs et vignerons de leurs communes respectives, à connaître, apprécier et préparer toutes les variétés d'engrais utiles à la nourriture et à la santé de leurs terres ; à seule fin que les agriculteurs de France sachent aussi bien préparer toutes les variétés de mets pour la nourriture de leurs champs et vignes, que leurs ménagères savent faire les soupes et autre cuisine pour leur sustentation personnelle de tous les jours.

Tout ceci se condense dans un fait social que nous devons ardemment désirer pour le salut de notre agriculture menacée par les infiniment petits, ce fait social s'appelle : L'ASSOCIATION MUNICIPALE DES COMMUNES RURALES.

Résumé de notre procédé pour détruire le phylloxéra et autres insectes nuisibles à l'agriculture, en reconstituant les forces productives de la terre des champs et des vignes.

1° Protection générale des petits oiseaux afin de reconstituer, au plus vite, les armées aériennes que la nature a créées pour protéger le règne végétal tout entier ;

2° Restitution à la terre de toutes les forces végétales sorties de son sein, quand ils ne sont pas ou peu nécessaires à l'homme ;

3° Décomposer et activer tous les détritus végétaux rendus à la terre, pour une proportion normale de produits minéraux les plus sympathiques possibles à la végétation générale.

Avec l'aide des oiseaux, les agents minéraux que nous avons indiqué détruiront facilement les phylloyéras ainsi que les autres insectes nuisibles à la viticulture et au reste de l'agriculture, la mission des agents minéraux sera puissamment facilitée par la force végétative dont nos vignes et nos champs jouiront lorsqu'ils auront été largement engraissés et amendés :

Un homme bien nourri est fort ; or, un homme fort combat beaucoup plus facilement qu'un autre toutes les maladies qui cherchent à le détruire, il en sera naturellement de même pour nos vignes et nos champs lorsqu'ils seront bien nourris par les engrais insecticides et reconstitutifs.

CONCLUSION

Projet de loi pour faciliter l'engraissage général des vignes par les engrais végétaux décomposés et activés par la chaux, ses dérivés et ses similaires.

ARTICLE PREMIER. — Les Conseils municipaux des communes vignobles de France, sont invités à diriger la reconstitution de tous nos champs et vignobles, par les engrais végétaux décomposés et rendus à la végétation au moyen des sels de chaux et autres.

ARTICLE 2. — MM. les membres des Conseils municipaux seront aidés à toute réquisition dans l'accomplissement de cette mission d'utilité générale, par MM. les Préfets et Sous-Préfets de leurs départements respectifs.

Le vote d'une loi ayant le même but que le projet ci-dessus est d'une urgence absolue, si l'on veut réellement chasser radicalement le phylloxéra de nos vignes et reconstituer la force végétale de nos vignobles et de nos champs.

Projet de loi sur la chasse, la pipée et le braconnage.

Première section.

Article premier. — La chasse avec d'autres engins destructeurs que les armes à feu est prohibée à partir de la promulgation de la présente loi.

Article 2. — La chasse aux armes à feu est prohibée avec l'emploi du plomb de chasse au-dessus du n° 6.

Article 3. — Sont exemptées de ces mesures : la chasse aux bêtes fauves, celle aux bêtes nuisibles, ainsi que celle aux oiseaux de proie.

Article 4. — Les délinquants seront punis chaque fois de deux cents francs d'amende ; — Un mois de prison sera ajouté pour les braconniers délictueux.

Article 5. — Les trois quarts des amendes seront acquis aux citoyens qui prendront ou dénonceront utilement les délinquants.

Deuxième section.

Article 6. — Tout enfant ou adulte qui détruira un nid d'oiseau, emportera ou cassera des œufs de ces nids ou les touchera seulement (1), tuera, prendra ou dispersera les petits des mêmes nids d'oiseaux, sera puni de huit jours de prison et cent francs d'amende pour les adultes ; — quatre jours de cachot d'école et cinquante francs d'amende pour les enfants et les adolescents, le tout sous la responsabilité des parents.

Article 7. — La chasse ou pipée aux petits oiseaux, ainsi que leur poursuite ou destruction avec ou sans armes et au moyen de n'importe quel engin, est prohibée dans toutes les propriétés publiques ou privées du territoire français.

Article 8. — Les contrevenants, ainsi que ceux qui détruiraient ou blesseraient volontairement un ou plusieurs petits oiseaux par n'importe quel moyen, seront punis de huit jours de prison et cent francs d'amende ; un mois de prison en plus sera ajouté pour les braconniers et les marchands de gibiers délictueux.

Article 9. — Toute personne qui recevra ou achètera, pour vendre ou consommer, un ou plusieurs cadavres de petits oiseaux, sera punie des mêmes peines.

---

(1) Beaucoup d'oiseaux des champs abandonnent leurs œufs quand on les a touchés seulement.

Article 10. — Les récidivistes seront punis au double. Les trois quarts des amendes seront acquis aux citoyens qui prendront ou dénonceront utilement les délinquants.

Article 11. — Toutes les autres mesures restrictives contenues dans les lois en vigueur sur la chasse, non contraires ou ne faisant pas double emploi avec celles de la présente loi, sont maintenues.

Article 12. — La présente loi sera révisée tous les trois ans.

Article 13. — Des encouragements et récompenses seront institués par une loi, au profit des citoyens qui s'occuperont utilement du repeuplement rapide de nos campagnes et vignobles par les petits oiseaux en général, et notamment par ceux faisant partie de la grande famille des passereaux.

Observation. — *La révision tous les trois ans de cette loi est indispensable; il faut que le nombre des petits oiseaux soit proportionnel aux diverses missions que la nature leur a donné à remplir dans les campagnes, mais il ne faut pas que leur nombre devienne tellement grand que, la masse des insectes nuisibles qu'ils doivent périodiquement détruire n'étant plus suffisante pour leur nourriture, ils arrivent à être obligés de s'attaquer partout aux grains et semences.*

Mais nous pensons que la révision de cette loi devra toujours laisser subsister les pénalités contre la destruction des nids, œufs et petits des oiseaux, ainsi que celles contre les pipeurs et braconniers.

En attendant les temps heureux où la trop grande quantité de petits oiseaux nous aura débarrassés du phylloxéra, de l'oïdium, du gribouri, de la pyrale, des insectes charbonneux des céréales, des insectes nuisibles des prés et jardins, des vers blancs et autres ennemis de nos domaines, nous prenons la liberté de conseiller à tous les fermiers, vignerons et cultivateurs de France de bien balayer le dessus de leurs murs de clôture et les appuis de leurs fenêtres dans les temps de neige, puis, d'y répandre des grains, afin de nourrir les protecteurs de leurs récoltes pendant les temps où la neige ôte aux petits oiseaux la possibilité de se nourrir dans les champs, prés et chemins.

*
* *

Par la calamité publique appelée le phylloxéra, la Nature a mieux affirmé que partout ailleurs la solidarité des intérêts de l'espèce humaine; en effet, plus on étudie profondément la question du phylloxéra plus on reste convaincu de l'inutilité de tous les efforts qui seront faits isolément contre l'insecte américain.

Il est certain qu'avec la mesure générale pour la protection des petits oiseaux, nos vignes françaises seront sauvées, mais elles languiront plus ou moins et les produits de nos vignobles resteront encore longtemps au-dessous des justes prévisions et besoins des populations; il faut donc que les propriétaires des vignobles français s'unissent pour pratiquer également dans leurs vignes l'emploi général des engrais amers, insecticides et reconstitutifs.

Un seul fait probable, possible et même certain va nous démontrer l'urgence de l'union des intéressés à détruire le phylloxéra. — Aujourd'hui, la chaux ayant servi à l'épuration du gaz embarrasse les usines, on la donne, on la jette ou on la vend aux prix minimes indiqués plus haut. Eh bien, aussitôt que l'on apprendra qu'elle peut être utile pour nous débarrasser de l'ennemi mortel de nos vins, ses détenteurs spéculeront probablement sur une de nos plus grandes calamités publiques et augmenteront leurs prix jusqu'à rendre son emploi aussi coûteux qu'un remède spécial : tandis que, si les propriétaires de vignes ont formé un syndicat du bien public, ils réagiront contre cette spéculation et pourront se passer de ce produit par une préparation des chaux ordinaires et commerciales.

Alors, le bas prix des engrais insecticides et reconstitutifs aura sauvé nos vins dans la source même de leur production.

Nous traversons un hiver qui va détruire beaucoup d'insectes. Cet hiver nous promet donc relativement de belles récoltes et une année moins mauvaise que les précédentes pour les contrées dont les vignes sont atteintes par le phylloxéra.

Eh bien, si la loi contre les destructeurs des petits oiseaux et de leurs nids était votée de suite, puis, si les propriétaires des vignobles atteints par l'insecte barbare se mettaient résolûment et d'ensemble, cette année et la suivante, à traiter vigoureusement leurs vignes au moyen des engrais insecticides-amers combinés de variétés et de quantité avec la nature des différents sols et terroirs, on serait capable de ne plus jamais revoir le phylloxéra en France, à la condition, bien entendu, que tous les propriétaires de vignes persistent énergiquement.

Cet espoir peut paraître paradoxal aux personnes qui ont l'extrême prudence de ne croire qu'aux faits accomplis. Mais ce résultat désirable paraîtra sûrement très-possible à un observateur consciencieux.

En effet, au moyen d'une loi protectrice, le nombre des petits oiseaux que cet hiver laissera vivants serait au moins multiplié par dix, puisque chaque couple fait deux couvées ayant chacune cinq petits en moyenne. Or, les cinq petits de la première couvée font en général une couvée dans la même année de leur naissance.

Ce même nombre d'oiseaux de cette année serait donc au moins multiplié par cent l'année suivante si l'on interroge les mêmes considérations et probabilités basées sur la vérité. Or, quand l'on songe au concours de cent fois plus de petits oiseaux que nous n'en avons actuellement, venant tous aider en 1881 la mission bienfaisante des énergiques destructeurs du phylloxéra qui sont les engrais insecticides-amers, on reste convaincu avant l'événement de la complète disparition de nos vignes françaises de l'insecte polymorphe dont chacun prononce le nom avec terreur.

Quant à nous, nous garantirions volontiers et pleinement ce résultat si nous avions une valeur équivalente à cette garantie en notre pouvoir, puis, si nous pouvions contrôler l'exécution pleine et entière des conditions à remplir pour obtenir ce nouveau prix de vertu que la nature accordera certainement aux viticulteurs persistants et convaincus.

Paris, 7 janvier 1879.

J. P. MAZAROZ,

Propriétaire, ayant obtenu une mention honorable et une médaille d'argent pour ses vins aux Expositions universelles de 1867 et 1878

94, boulevard Richard-Lenoir.

Notes.

I.

Lire la note suivante après la cinquième ligne de la page 74.

Beaucoup d'autres engrais insecticides, aussi bons que ceux indiqués plus haut peuvent être faits avec les détritus des brasseries, raffineries, fabriques de bougies, tanneries, puits de pétrole et autres usines, à la seule condition que, ces détritus contiennent en assez grande quantité et sous n'importe quelles formes des agents chimiques sympathiques, et par conséquent utiles à la végétation des vignes, comme le carbone et les carbonates, le soufre, le fer, la magnésie, la silice, les alcalins, le tan, la chaux et ses dérivés, les résines, etc., etc.

En augmentant, s'il y a lieu, l'activité de ces détritus avec des cendres en poudre et de la chaux vive éteinte dans un peu de terre de pré, puis, en les mélangeant avec des brisures fines et sciures de bois durs, d'écorces, de foins, d'herbages et feuillages secs, qui contiennent tous, en plus ou moins grande quantité, la plupart des éléments chimiques ci-dessus énumérés ainsi que d'autres également utiles aux terrains des vignes, — on établira sûrement et facilement une grande variété d'engrais insecticides à bon marché, capables, avec le concours des petits oiseaux, de détruire radicalement, et relativement à bref délai, les phylloxéras de toutes nos vignes, en même temps qu'ils fortifieront considérablement les puissances végétales de nos vignobles.

II.

Au commencement de ce mémoire et à sa dixième ligne, nous disons que *le vin est le sang de la terre.* — Ceci paraîtra peut-être un peu obscur au premier coup d'œil et pourtant rien n'est plus scientifiquement vrai.

Le grand Philosophe de la Nature a dit en effet à ses amis en leur offrant du vin : *Buvez, ceci est mon sang, le sang de la nouvelle alliance!* La nouvelle alliance annoncée par le maître doit s'accomplir et s'accomplit tous les jours pour l'humanité au moyen de la connaissance de plus en plus approfondie de toutes les sciences physiques, graphiques, géologiques, chimiques et astronomiques; — connaissance qui nous fait de plus en plus aimer et comprendre la grande harmonie des forces spirituelles qui dirige toute chose, et, dont la connaissance des sciences matérielles indiquées plus haut forme le point de départ ainsi que la base large et solide.

TABLE DES MATIÈRES

IMPRIMERIE CENTRALE DES CHEMINS DE FER. — A. CHAIX ET Cie,
RUE BERGÈRE, 20, A PARIS. — 4212-9.

MÉMOIRE SUR LA DESTRUCTION DU PHYLLOXÉRA

M

PARIS.—IMP. A. CHAIX ET Cie RUE BERGERE, 20. — [illegible]

www.ingramcontent.com/pod-product-compliance
Ingram Content Group UK Ltd.
Pitfield, Milton Keynes, MK11 3LW, UK
UKHW021110200726
13857UKWH00003B/1155

9 782012 882850